Athulya G. K.

Estudos experimentais e numéricos sobre escórias de aço

Athulya G. K.

Estudos experimentais e numéricos sobre escórias de aço

Imprint
Any brand names and product names mentioned in this book are subject to trademark, brand or patent protection and are trademarks or registered trademarks of their respective holders. The use of brand names, product names, common names, trade names, product descriptions etc. even without a particular marking in this work is in no way to be construed to mean that such names may be regarded as unrestricted in respect of trademark and brand protection legislation and could thus be used by anyone.

Cover image: www.ingimage.com

This book is a translation from the original published under ISBN 978-3-330-35231-5.

Publisher:
Sciencia Scripts
is a trademark of
Dodo Books Indian Ocean Ltd. and OmniScriptum S.R.L publishing group

120 High Road, East Finchley, London, N2 9ED, United Kingdom
Str. Armeneasca 28/1, office 1, Chisinau MD-2012, Republic of Moldova, Europe
Printed at: see last page
ISBN: 978-620-7-67223-3

RESUMO

O presente trabalho de investigação centra-se em vários aspectos da utilização de escórias de aço (subproduto industrial da indústria siderúrgica) como um material de construção eficaz no domínio da construção de camadas de pavimento de auto-estradas. Assim, os resíduos industriais podem ser utilizados e eliminados corretamente com uma redução do impacto ambiental, bem como a procura de materiais de construção naturais pode ser minimizada.

As escórias de aço foram estabilizadas mecanicamente com o solo Powai (solo siltoso com plasticidade intermédia), disponível localmente, numa gama de 20 a 70% em peso, tendo em conta a sua utilização em aterros e na construção de camadas de pavimento rodoviário. A mistura de 30% de escória e 70% de solo proporcionou a resistência óptima com base no valor da relação de suporte Califórnia (CBR) e na resistência à compressão não confinada (UCS). A mistura óptima de escória e solo foi estabilizada quimicamente utilizando cimento Portland normal e nano material (nano sílica amorfa) em diferentes intervalos de percentagem, 410% para apenas cimento, 2-6% para apenas nano material, e para a mistura de cimento com nano material, foi sempre 4% de cimento com percentagens de nano variáveis de 2 a 6%. As experiências foram efectuadas de acordo com as especificações da norma indiana. A partir das análises experimentais, observou-se que as misturas de solo de escória de aço estabilizado com cimento e as misturas de cimento com nano-sílica estabilizada satisfazem as especificações do material para a construção de camadas de pavimento. Observou-se também que as misturas de escória de aço e solo adquiriram boas características de resistência, drenagem e plasticidade para atuar como um material potencial para a construção de aterros de auto-estradas

O presente estudo descreve o comportamento do aterro da autoestrada com base num estudo de modelação numérica utilizando o software baseado em elementos finitos "Plaxis 3D". Trata-se de uma ferramenta de geomecânica computacional para a análise do comportamento das estruturas. O estudo incide sobre diferentes casos de aterros constituídos por uma mistura de solo e escória de aço (30% de solo e 70% de escória), uma mistura de solo e escória de cobre (20% de solo e 80% de escória de cobre), um aterro natural, uma geo-espuma de EPS e um geomaterial de poliéster expandido com cinzas volantes (EPGM) construídos sobre solos moles. O estudo comparativo de todos estes materiais com a mistura de solo e escória de aço foi efectuado em aterros de várias alturas. A adequação do material de enchimento do aterro foi determinada com base em critérios de segurança e de deslocamento. O aterro de estabilização foi efectuado com geotêxtil e geocélula de várias gamas de rigidez elástica de 50 kN/m a 1500 kN/m. Concluiu-se que o material de mistura solo/escória de aço tem boa resistência e estabilidade em comparação com o material de enchimento normal. A colocação de geotêxtil e geocélula melhora a estabilidade dos aterros e reduz a deslocação.

Vários investigadores propuseram vários métodos para determinar a estabilidade de aterros. Neste estudo, a análise da estabilidade de um aterro reforçado de autoestrada em solo mole é estudada através de dois métodos de análise: um utiliza o método de equilíbrio limite baseado no algoritmo genético e o outro utiliza o software Plaxis 3D baseado em elementos finitos. O estudo do modelo numérico foi efectuado no aterro estabilizado com geotêxtil com diferentes valores de rigidez elástica. Foram efectuadas várias análises com base em diferentes parâmetros variáveis, tais como a altura do aterro, que varia entre 4 e 6 m, e a utilização de material de enchimento do aterro, como a mistura de escória de aço e solo e material de enchimento natural. A partir da análise, obtém-se que a mistura de solo e escória de aço dá um aterro comparativamente mais estável do que o material de enchimento natural e que tanto o método de equilíbrio limite como o método dos elementos finitos seguem o mesmo padrão de resultados

Palavras chave: Escória de aço, Nano material, Cimento, Estabilização de solos, Aterro de autoestrada, Escória de aço, Geo-espuma EPS, EPGM, Plaxis 3D, Algoritmo genético.

Conteúdo

Abreviaturas

3D	Three Dimensional
BOF	Basic oxygen furnace
CBR	California bearing ratio
CNF	Carbon Nano-fibers
CS	Carbide Slag
EA	Axial stiffness
EAF	Electric arc furnace
ECC	English china clay
EPS	Expanded polystyrene
FEM	Finite element method
GGBS	Granulate blast furnace slag
HERA	Human Health and Ecological Risk Assessment
ICP-MS	Inductive coupled plasma mass spectrometry
IS	Indian standard
LFS	Ladle furnace slag
LM	Limit equilibrium
MDD	Maximum dry density
MORTH	Ministry of road transport and highways
MP	Mercury intrusion prosiometry
OMC	Optimum Moisture content
PC	Portland cement
P	Powai soil
SAIF	Sophisticated Analytical Instument Facility
S	Steel slag
SGA	Simple genetic algorithm
SSA	Steel slag aggregate
SSC	Steel Slag Coalition
SEM	Scanning electron microscope
UCS	Unconfined compressive strength
XRF	X Ray Florescence
XRD	X-Ray diffraction test

Nomenclatura

C   Coesão

Cc   Coeficiente de curvatura

Cu   Coeficiente de uniformidade

D   Tamanho do grão

E   Módulo de elasticidade

H   Altura do aterro

g   Grama

λ Coeficiente médio da tensão de atrito no aterro

γ Peso unitário a granel

ϕ Ângulo de fricção

θ Ângulo de inclinação do círculo de deslizamento

υ Rácio de Poisson

Capítulo 1
Introdução

1.1 Geral

O principal problema que se coloca no domínio da engenharia civil é a escassez de material de construção. A disponibilidade de material de construção de boa qualidade, incluindo o solo, é menor. Assim, é necessário encontrar outro tipo de material que possa ser utilizado eficazmente na aplicação de trabalhos de engenharia civil ou é necessário reforçar e estabilizar o solo. Os métodos tradicionais de estabilização incluem a adição de cal, cinzas volantes, cimento Portland, etc. Outro método importante é a utilização de subprodutos industriais, tais como pó de forno de cimento, aço, cobre ou escórias de ferro. Trata-se de um método eficaz e económico, que permite reduzir os problemas ambientais causados por estes resíduos e gerir eficazmente a eliminação destes materiais. Trata-se, portanto, de um método sustentável tanto para a gestão de resíduos como para a estabilização do solo. Este método tem muitas aplicações, incluindo a construção de estradas, a construção de muros de contenção, a construção de aterros, etc.

1.2 Breves histórias

A necessidade de melhorar as propriedades de engenharia do solo tem sido reconhecida desde que a construção existe. Muitas culturas antigas, incluindo a chinesa e a romana, utilizaram várias técnicas para melhorar a estabilidade do solo, algumas das quais foram tão eficazes que muitos dos edifícios e estradas que construíram ainda existem atualmente. A aplicação de resíduos e subprodutos industriais na construção de estradas não é especificamente um desenvolvimento recente. Os romanos já utilizavam entulho de tijolo e mistura de escória para a construção de estradas. A era moderna da estabilização do solo começou durante os anos 60 e 70, esta técnica tornou-se uma tendência popular devido ao aumento da procura global de matérias-primas, combustível e infra-estruturas. A estabilização do solo é um método utilizado para melhorar as propriedades do solo e torná-lo estável. A estabilização do solo é necessária quando o solo disponível para construção não é adequado para o objetivo pretendido. Inclui compactação, pré-consolidação, drenagem e muitos outros processos. O princípio básico da estabilização do solo pode ser a avaliação das propriedades do solo em questão, a decisão do método de suplementar a propriedade de carga através do método eficaz e económico de estabilização, a conceção da mistura de solo estabilizado para as regras de estabilidade e durabilidade pretendidas, a consideração do procedimento de construção através da companhia adequada das camadas estabilizadas. A estabilização do solo é utilizada para reduzir a permeabilidade e a compressibilidade da massa do solo e aumentar a sua resistência ao cisalhamento, é utilizada para aumentar a capacidade de suporte dos solos de fundação, é utilizada para melhorar os solos naturais para a construção de auto-estradas e aeródromos.

1.3 Métodos de estabilização do solo

Existem vários métodos de estabilização do solo. Estes classificam-se principalmente em dois: um é a estabilização química e o outro é a estabilização mecânica. Os pormenores sobre estes métodos de estabilização são apresentados de seguida.

1.3.1 Estabilização química

Estabilização química: Na estabilização química são utilizados diferentes tipos de químicos para alterar as propriedades do solo. A principal vantagem deste método é o facto de poder ser utilizado em qualquer ambiente específico, mas por vezes os produtos químicos utilizados para esta estabilização são perigosos para o ambiente e também dispendiosos.

a) Estabilização com cimento

O solo é basicamente combinado e misturado com cimento para adicionar força e durabilidade e o resultado final é bastante durável e resistente às intempéries.

b) Estabilização com cal

Neste método, utiliza-se cal para estabilizar o solo, o que é mais caro do que o cimento. Também causa problemas ambientais porque a queima da cal gera um escoamento tóxico que polui o abastecimento de água. No entanto, aumenta a resistência e a estabilidade do solo.

c) Estabilização de polímeros

Os métodos de estabilização do solo baseados em polímeros são os mais modernos e oferecem uma série de vantagens em relação aos procedimentos mais tradicionais. Envolvem o tratamento do solo com materiais à base de polímeros não reactivos e neutros para o ambiente. A principal vantagem é o facto de não causar qualquer impacto negativo no ambiente.

d) Estabilização betuminosa

Os princípios básicos desta estabilização consistem em melhorar a impermeabilização e as propriedades de ligação do sistema estabilizado. Esta estabilização é utilizada principalmente na sub-base e na camada de base das construções de camadas de pavimento rodoviário

1.3.2 Estabilização mecânica

A estabilização mecânica é o processo que melhora as propriedades do solo através da energia mecânica ou da adição de geotêxtil ou material agregado que melhora as propriedades mecânicas do sistema.

a) Compactação

A compactação é efectuada através da aplicação de um grande peso sobre o solo e da aplicação de uma pressão mecânica. Deste modo, as propriedades mecânicas do solo são melhoradas. A densidade do solo aumenta com a compactação. Assim, o solo pode obter a resistência e a estabilidade desejadas.

b) Estabilização com geotêxtil

A utilização de geotêxtil aumenta a resistência do solo, permite caminhos de drenagem para a dissipação do excesso de pressão da água dos poros, assegurando assim a estabilidade e pode evitar a erosão do solo, além de ser um método económico.

c) Adição de materiais agregados graduados

É o método comum de melhoria do solo através da adição de um determinado agregado que tem atributos desejáveis para o solo. Por exemplo, aumentar a resistência ou diminuir a plasticidade

1.4 Escória de aço como material de construção.

A escória de aciaria é considerada um resíduo da produção de aço; no entanto, pode ser utilizada e já está a ser utilizada fora da indústria metalúrgica. Na indústria siderúrgica mundial, são produzidas anualmente cerca de 780 milhões de toneladas (Mt) de aço bruto, juntamente com cerca de 300 Mt de resíduos sólidos. A taxa média de produção de subprodutos sólidos é de 400 kg por tonelada de aço bruto, sendo os principais subprodutos as escórias de alto-forno e as escórias de aço, ecologicamente perigosas, ao passo que, comparativamente, na Índia, a taxa anual de produção de resíduos é consideravelmente mais elevada do que a média mundial, com cerca de 8 Mt por cada 25 Mt de produção de aço (TIFAC 2003). É muito utilizada na indústria da construção, onde é utilizada como componente de betões, pavimentos e estabilização de solos granulares para coberturas. As escórias de aciaria dividem-se em escórias derivadas dos processos de produção do metal e escórias derivadas do tratamento térmico e da fusão de resíduos, como se mostra na Figura 1.1

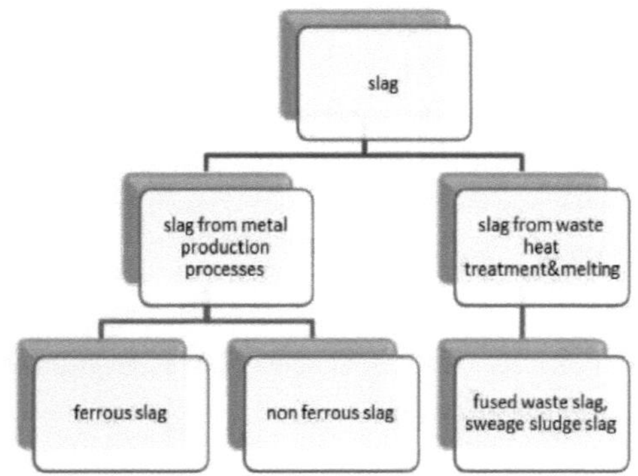

Figura 1.1: Classificação das escórias com base na produção

As escórias não ferrosas podem ainda ser subdivididas em escórias de ferro-níquel e escórias de cobre. As escórias ferrosas também podem ser subdivididas em escórias de alto-forno e escórias de aço, como mostra a Figura 1.2.

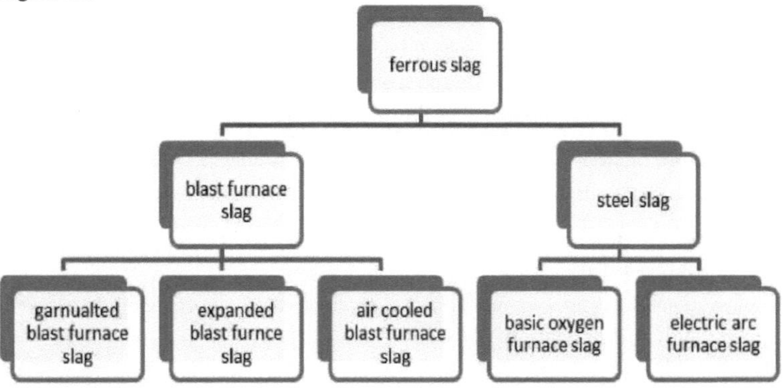

A escória de aço fundida gerada pela indústria siderúrgica é arrefecida rapidamente para produzir o processo vítreo e granular e este processo é o método mais rápido e há menos hipóteses de cristalização durante este processo. Para a produção de escória de alto-forno expandida, a escória fundida é tratada com água de controlo e aumenta a natureza celular e vesicular da escória, gerando um produto leve. Para misturar a água e a escória fundida, pode utilizar-se um processo mecânico ou a céu aberto. A escória expandida solidificada é triturada e peneirada para ser utilizada como agregado leve.

1.4.1 Produção de escórias de aço

A escória de aciaria é um produto não metálico, constituído essencialmente por silicatos de cálcio e ferrites combinados com óxidos fundidos de ferro, alumínio, manganês, cálcio e magnésio, que se desenvolve simultaneamente com o aço em fornos de oxigénio básico, de arco elétrico ou de soleira aberta. A Figura 1.3 apresenta o fluxograma do processo de produção de escória de aciaria.

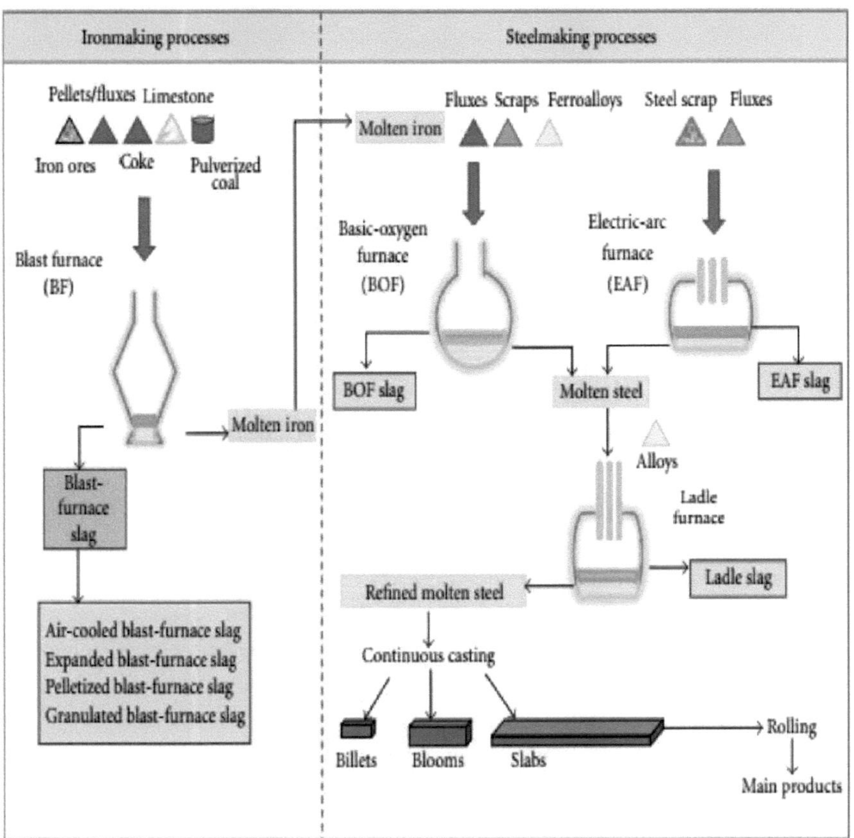

Figura 1.3: Fluxograma do processo de fabrico do ferro e do aço (Yildirim et al. 2011)

1.4.2 Escórias BOF (forno básico a oxigénio) provenientes da produção de aço com oxigénio básico

O aço produzido a partir dos processos BOF e EAF é novamente enviado para o processo de refinação, que se designa por processo de refinação em forno panela. Este processo é efectuado para obter a composição química desejada no aço. Trata-se de um procedimento comum no aço de alta qualidade. O forno panela é uma versão mais pequena do forno EAF. O aquecimento do aço é realizado com eléctrodos de grafite. O gás árgon é utilizado para agitar o aço líquido homogéneo. Neste forno são também injectados agentes dessulfurizantes como Ca, M g, CaSi, CaC2. A adição de silício e alumínio durante a desoxidação forma óxidos de sílica e alumínio. Estes combinam-se com outros materiais residuais para formar escória de forno panela

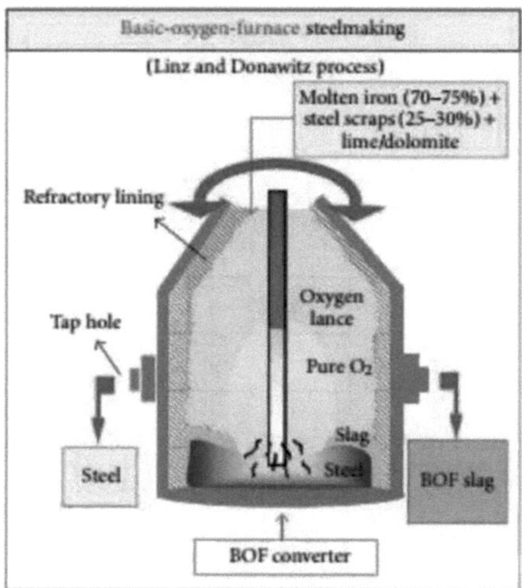

Figura 1.4: Produção básica de aço em forno de oxigénio (Yildirim et al (2011))

1.4.3 Tratamento de escórias de fornos de arco elétrico

Nos processos de produção de aço em fornos de arco elétrico, são utilizados componentes electrónicos de alta potência em vez de combustível gasoso para produzir calor para o processo de fusão na produção de aço de alta qualidade. Nos processos de fusão, o aço líquido é gerado no fundo da escória de aço. A cal e a dolomite são adicionadas ao forno com a escarpa. Após o processo de fusão, é efectuado o processo de refinação. Durante este processo, é injetado oxigénio no aço fundido. Alguma quantidade de ferro, juntamente com impurezas no metal quente, incluindo alumínio, silício, manganês, fósforo e carbono e os seus óxidos, combinam-se com a cal para formar escória. A Figura 1.5 mostra a representação esquemática do processo de produção de aço em forno elétrico de arco e de refinação em panela

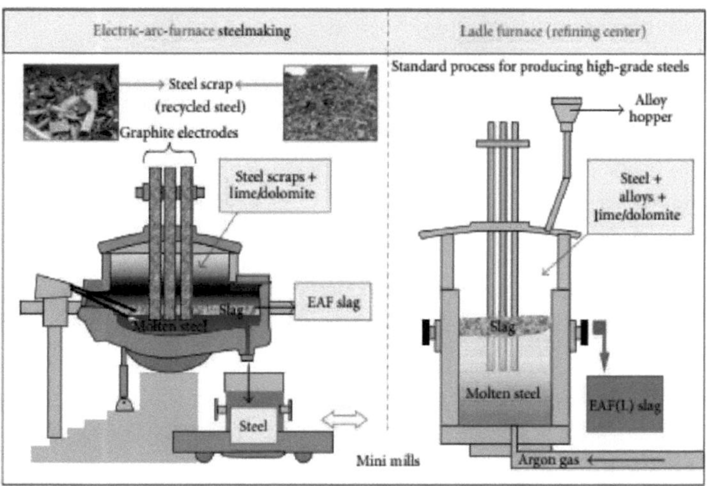

Figura 1.5: Representação esquemática do processo de fabrico de aço por forno elétrico de arco e de refinação em panela (Yildirim et al. 2011)

1.4.4 Refinação do forno de panela e produção de escória

Após a conclusão das operações de fabrico de aço primário, o aço produzido pelos processos BOF ou EAF pode ser ainda refinado para obter a composição química desejada. Estes processos de refinação são designados por operações secundárias de produção de aço. Os processos de refinação são comuns na produção de aços de elevada qualidade. Dependendo da qualidade do aço desejado, o aço fundido produzido nos processos EAF e BOF passa por alguns ou todos os processos de refinação acima mencionados. Os fornos panela, que se assemelham a versões mais pequenas dos fornos EAF, também têm três eléctrodos de grafite ligados a um transformador de arco utilizado para aquecer o aço. Normalmente, o fundo do forno-panela tem uma conduta através da qual é injetado gás árgon para agitar e homogeneizar o aço líquido no forno. Ao injetar agentes dessulfurizantes (como Ca, Mg, CaSi, CaC2) através de uma lança, a concentração de enxofre no aço pode ser reduzida para 0,0002%. A adição de silício e alumínio durante a desoxidação forma a sílica (SiO_2) e a alumina (Al_2O_3); estes óxidos são posteriormente absorvidos pela escória gerada pelo processo de refinação. A Figura 1.5 mostra a representação esquemática do processo de fabrico de aço por forno elétrico de arco e de refinação em panela.

1.4.5 Aplicações das escórias de aço

- A escória de aço pode ser utilizada como agregado para betão asfáltico devido à sua dureza e propriedade de resistência à abrasão.
- Pode ser utilizado como material de leito de estrada porque tem uma elevada capacidade de suporte e

pouco impacto da água e propriedades hidráulicas.

- Pode ser utilizado como material de construção e de melhoramento do solo devido ao seu elevado ângulo de atrito interno.

- Pode ser utilizado como material de clínquer de cimento devido aos seus constituintes químicos (Feo, CaO e SiO2)

- Também pode ser usado como fertilizante porque contém componentes fertilizantes como CaO, SiO2, Mg e FeO.

1.4.6 Considerações ambientais e sanitárias

Patel (2008) referiu que, em 1995, foi formada uma coligação para as escórias de aço (Steel Slag Coalition - SSC) com o objetivo de realizar um estudo exaustivo das escórias de aço. Esta coligação era constituída por fabricantes de ferro e aço, transformadores de escórias, laboratórios químicos e equipas de avaliação de riscos, cientistas do ambiente e toxicologistas, com o objetivo de realizar uma "Avaliação dos Riscos para a Saúde Humana e para a Ecologia (HERA)" sobre as escórias de ferro e aço em todo o sector. O resultado deste estudo confirmou que as escórias de ferro e aço não representam qualquer ameaça para a saúde humana ou para o ambiente quando utilizadas em aplicações residenciais, agrícolas, industriais e de construção.

1.5 Organizações do relatório

O primeiro capítulo descreve uma breve introdução sobre a estabilização do solo e a história da estabilização do solo. Inclui também uma descrição sobre as escórias de aço e o processo de produção de diferentes tipos de escórias de aço provenientes da indústria siderúrgica

O capítulo dois descreve a revisão pormenorizada da literatura. Este capítulo abrange a investigação anterior efectuada sobre a estabilização do solo utilizando diferentes materiais de escória, tais como escória granulada de alto-forno, escória de cobre e escória de aço, e inclui também a estabilização química utilizando cimento e nanomateriais. Inclui a revisão da literatura sobre a análise de aterros não reforçados e reforçados. Inclui a revisão da modelação do elemento de revisão do aterro foi revisto. Inclui também uma revisão da literatura sobre a análise da estabilidade de taludes utilizando o algoritmo genético. A avaliação crítica da literatura revista incluiu. A finalidade e o objetivo do estudo constituem a última secção deste capítulo.

O capítulo três descreve o material e as propriedades do material. Inclui o material utilizado no estudo, como o solo, a escória de aço, o cimento, a nanossílica e a investigação experimental destes materiais, incluindo as suas características físicas, mineralógicas e morfológicas.

O capítulo quatro descreve os pormenores sobre as propriedades da mistura estabilizada, incluindo a estabilização mecânica através da adição de uma percentagem diferente de escória e a determinação da mistura ideal. Depois disso, a estabilização química foi efectuada utilizando cimento e nanomateriais e a combinação de ambos e determinou as propriedades das diferentes misturas. E discutir a sua aplicação na construção de pavimentos rodoviários.

O capítulo cinco descreve a modelação de elementos finitos de aterros utilizando o Plaxis 3D. Neste capítulo, descrevem-se três casos diferentes de modelação de aterros e a sua estabilidade. Este capítulo centra-se na análise da estabilidade de um aterro constituído por uma mistura de solo e escórias de aço. A análise comparativa da estabilidade do aterro foi efectuada utilizando diferentes materiais de enchimento do aterro.

O capítulo seis descreve a análise da estabilidade de taludes utilizando o método do equilíbrio limite baseado em algoritmos genéticos. A análise comparativa do método do equilíbrio limite e do método dos elementos finitos foi também descrita neste capítulo.

O capítulo cinco inclui as principais conclusões do estudo. Destaca também o trabalho futuro do estudo e as limitações do mesmo. A referência, a publicação e os agradecimentos também estão incluídos neste capítulo.

Capítulo 2
Revisão da literatura

2.1 Geral

. Há sete categorias de literatura disponíveis relevantes para o presente trabalho de investigação. Na primeira categoria, a estabilização do solo com escória. Está subdividida em três grupos. O primeiro é a estabilização do solo com escória granulada de alto-forno. O segundo é a estabilização do solo com escória de cobre. O terceiro é a estabilização do solo com escória de aço. Na segunda categoria, foi analisada a influência do nano material na estabilização do solo. Na terceira categoria, foi revista a aplicação do cimento na estabilização do solo. Na quarta categoria, foi feita uma revisão da literatura sobre a análise de aterros reforçados e não reforçados. Na quinta categoria, foi revisto o modelo de elementos finitos do aterro. Na sexta categoria, foi efectuada uma revisão da literatura sobre o tema da análise da estabilidade de taludes. Na sétima categoria, foi feita uma revisão da literatura sobre a análise da estabilidade de taludes utilizando o algoritmo genético.

2.2 Estabilização do solo com escórias

A escória é normalmente uma mistura de óxido de metal e dióxido de silício. No entanto, as escórias podem conter sulfuretos de metal e metais elementares. Através de um tratamento adequado, este material de escória pode ser utilizado como estabilização do solo. Aqui podemos ver em pormenor esta escória através de várias literaturas

2.2.1 Estabilização do solo com escória granulada de alto-forno (GGBS)

Akinmurusu (1991) observou que a adição de GGBS a um solo laterítico aumentava a densidade seca máxima (MDD) até uma dosagem de GGBS de 10%, mas uma adição adicional de GGBS resultava numa redução da MDD. Afirmou que tal pode dever-se a um aumento do pó fino na mistura, levando à diminuição da proporção do material grosseiro. Isto causa dificuldade em obter uma boa compactação.

Caijun e Day (1993) estudaram a hidratação do GGBS canadiano e descobriram que, quando o GGBS está em contacto com a água, se forma uma camada rica em Si-Al-O na superfície da partícula. Esta camada pode adsorver iões H^+, resultando num aumento do pH do solo. Mas isto foi insuficiente para quebrar as ligações SI-O e Al-O para permitir a formação do composto de hidratação C-S-H, C-A-H e C-A-S-H. Trata-se de um processo muito lento, pelo que é necessário um ativador para quebrar esta estagnação. O método mais comum utilizado para ativar o GGBS é a ativação química.

Wild et al. (1998) efectuaram estudos sobre o efeito da substituição parcial da cal por escória granulada de alto-forno moída (GGBS) nas propriedades de resistência de solos argilosos com sulfato estabilizados com cal. Este estudo centra-se no efeito benéfico da substituição progressiva da cal por GGBS na resistência de solos argilosos estabilizados com cal e na influência do gesso nas reacções cal-GGBS-solo. Foram efectuados ensaios laboratoriais em caulinite estabilizada com cal - contendo diferentes quantidades de gesso adicionado - e em argila kimneridege com gesso estabilizada com cal. As diferentes combinações deste material com percentagens variáveis de cal, gesso e escória são utilizadas para análise. Verificaram que a mistura do solo com escória activada com cal melhorou significativamente a resistência. O aumento da resistência deve-se à formação de silicatos cimentícios, aluminatos e alumino-silicatos. Também reduz a porosidade do sistema hidratado, aumentando assim a resistência.

Higgins et al. (2002) estudaram os efeitos do GGBS nas propriedades de inchamento da caulinite estabilizada com cal na presença de gesso adicionado artificialmente (até 8% em peso do solo seco). Verificaram que a argila caulinítica estabilizada com cal na presença de gesso produzia grandes expansões quando saturada com água. A adição de GGBS ao sistema argila-cal-gesso resultou numa grande redução da expansão.

Hughes e Glendenning (2004) efectuaram um estudo experimental de campo sobre o tema da mistura profunda para melhorar o solo de argilas turfosas moles utilizando escórias de alto-forno e gesso vermelho. A experiência foi efectuada em depósitos de turfa mole sob o traçado da ligação ferroviária do túnel do canal no sudeste do Reino Unido. A turfa é um solo orgânico, que tem uma elevada compressibilidade e uma menor capacidade de suporte. O objetivo deste estudo é avaliar o desempenho da mistura de escória granulada de alto-forno e gesso vermelho que pode ser utilizada como substituto do ligante à base de cimento. O método de mistura a seco é utilizado neste estudo. Envolve a rotação do misturador no solo até à profundidade necessária. Uma vez atingida essa profundidade, a ferramenta rotativa é retirada e o ligante é bombeado com um compressor de ar. São efectuados ensaios de laboratório e de campo para determinar a resistência e a rigidez. Este estudo informa que

O gesso vermelho GGBSFS aumenta a resistência ao cisalhamento do solo entre 7 e 56 dias. O que é consistente com o desenvolvimento de reacções pozolónicas. A coluna de mistura estabilizada mostra uma variação muito mais ampla na resistência ao cisalhamento do que a coluna pura, tem maior estabilidade a longo prazo do que a mistura estabilizada de cimento Portland comum. A resistência da mistura de gesso vermelho GGFBS não parece ter sido afetada de forma significativa por ciclos de imersão, congelamento-descongelamento ou humidade-secagem. Por isso, pode dizer-se que tem uma elevada durabilidade.

Singh et al. (2008) realizaram estudos sobre a avaliação do desempenho de misturas de cinzas volantes estabilizadas com cimento e GBFS (escória granulada de alto-forno) como material de construção de auto-estradas. Foram efectuadas experiências como o teste de compactação proctor, o teste de resistência à compressão não confinada e o teste da relação de suporte Califórnia com diferentes percentagens de GBFS e cimento, de acordo com o método padrão indiano. A gama de cimento varia entre 0% e 8% e a percentagem de escória varia entre 0% e 40%. Os resultados mostram que, com o aumento do teor de cimento e de GBFS, o teor de humidade ótimo (OMC) diminui e a densidade seca máxima (MDD) aumenta, bem como o valor da razão de suporte Califórnia (CBR) e da resistência à compressão não confinada (UCS).

Nidzam et al. (2009) estudaram vários activadores que melhoram a reação do GGBS. Utilizaram como activadores o hidróxido de cálcio, o sulfato de cálcio, o cimento Portland normal (PC), o hidróxido de sódio, o carbonato de sódio, o sulfato de sódio, o silicato de sódio, etc. Os activadores criam um ambiente adequado para o processo de reação sem desempenharem necessariamente um papel significativo na reação. O ativador mais utilizado é o PC. A hidratação em água do PC com GGBS produz hidróxido de cálcio e C-S-H. Este ativa uma nova reação. Também proporciona um ambiente alcalino adequado para a dissolução de Al2O3 e SiO2 do GGBS e/ou de outras fontes no sistema de reação. A eficácia da hidratação do GGBS depende de muitos outros factores que são a composição química, o teor de vidro, a concentração de álcalis, a finura do GGBS e a temperatura, etc. O processo de hidratação do GGBS é resumido aqui. Quando a água entra em contacto com o cimento, estabelece uma ligação com o silicato de cálcio e forma o silicato de cálcio hidratado. Os outros produtos formados durante a hidratação são o hidróxido de cálcio e os hidróxidos de sódio e potássio. Estes álcalis activam o GGBS e produzem os produtos semelhantes produzidos durante a hidratação do cimento. O excesso de silicatos e aluminatos da hidratação da EBGG combina-se com o hidróxido de cálcio numa reação pozolânica.

Kavak et al. (2011) apresentam um estudo sobre um exame de escória de alto-forno granulada moída com água do mar como aditivos de solo na estabilização de argila calcária. Os solos argilosos têm uma baixa capacidade de suporte e um potencial de inchamento notável. As propriedades de engenharia do solo argiloso podem ser significativamente melhoradas através de técnicas de estabilização física ou química. Este estudo analisa a forma como a capacidade de suporte e o valor CBR são afectados pela adição de GGBS e cal à argila remoldada com água do mar. Verificaram que a resistência do solo aumenta com um teor mais elevado de GGBS. A utilização de escórias com cal também evita a formação de etringatos em forma de agulha, conduzindo a baixos potenciais de inchamento. A resistência à compressão não confinada da amostra tratada foi mais de oito vezes superior à das amostras não tratadas. O valor CBR também é superior ao valor inicial, pelo que a utilização de GGBS como aditivo de estabilização pode tornar estes resíduos reutilizáveis.

Sharma e Sivapullic (2012) efectuaram um estudo sobre o GGBS como alternativa à cal e ao cimento na estabilização de solos expansivos. Realizaram testes em solo expansivo local de algodão preto com diferentes combinações de GGBS. Do seu estudo, conclui-se que a melhoria da resistência da mistura estabilizada depende da quantidade de GGBS utilizada e que o efeito do período de cura não tem qualquer importância. Verificou-se também que o valor do módulo de tangência inicial aumenta com o aumento do teor de GGBS. A partir do estudo, pode analisar-se que existe uma quantidade óptima de teor de GGBS em que a capacidade de retenção de água do solo é menor e tem uma elevada resistência à fricção em comparação com o solo não tratado. Assim, pode sugerir-se que o GGBS seja utilizado como material de estabilização para solos expansivos.

. **Obuzor et al. (2012)** realizaram um estudo sobre a estabilização do solo com GGBS ativado com cal - uma mitigação dos efeitos das inundações em camadas estruturais de estradas/aterros construídos em planícies de inundação. Este artigo trata da investigação da viabilidade de materiais como o GGBS e a cal no processo de estabilização de solos de baixa capacidade de suporte, tendo sido realizadas experiências com argila de oxford inferior. Analisam o índice de durabilidade e a resistência à compressão não confinada do solo estabilizado.

Concluíram que o ganho de resistência por um sistema estabilizado com cal é optimizado em determinadas gamas de adição de estabilizante. O índice de durabilidade é baixo durante o aumento do tempo de cura. O índice de redução da resistência dos sistemas cal-LOC depende enormemente dos componentes GGBS que aumentam a densidade e a permeabilidade do sistema através do aumento da produção de géis cimentícios. Este sistema é muito económico e amigo do ambiente para construções em planícies de inundação.

Yi.Y et al. (2014) realizaram um estudo experimental sobre "escória de alto-forno granulada moída activada por álcali para estabilização de argila marinha macia". A influência dos activadores incluindo NaOH, Na_2CO_3, escória de carboneto (CS), NaOH-CS, Na_2CO_3-CS e Na_2SO_4-CS na eficácia da estabilização foi investigada para compreender as propriedades da argila estabilizada. Foram realizados ensaios laboratoriais como a resistência à compressão não confinada (UCS), o ensaio de difração de raios X (XRD), a microscopia eletrónica de varrimento (SEM) e a porosiometria de intrusão de mercúrio (MP). A partir do resultado do ensaio, o NaOH -GGBS tem um valor UCS elevado até 90 dias, depois o valor UCS diminui devido à ocorrência de microfissuração. Em comparação com outros activadores, o Na_2SO_4-CS-GGBS tem um valor UCS mais elevado aos 180 dias. Também sugeriram que o $Na_2 CO_3$ -GGBS tem menos significado na eficácia da estabilização da argila marinha. Isto deve-se às diferenças nos produtos de hidratação

2.2.2 Estabilização do solo com escória de cobre

Lavanya et al. (2011) efectuaram um estudo sobre o efeito da escória de cobre nas propriedades de engenharia do solo e, a partir dos resultados dos ensaios, verificaram que o índice de plasticidade é reduzido com a adição da percentagem de escória. Verifica-se uma redução considerável no índice de inchamento livre do solo quando misturado com escória de cobre devido à fração grosseira presente no solo, que pode ser utilizada como estabilizador para solos expansivos. Verifica-se um aumento da densidade seca máxima e uma diminuição do teor de humidade ótimo porque os vazios das partículas mais grosseiras são preenchidos por partículas mais finas e o peso unitário aumenta à medida que a densidade seca máxima resultante aumenta e ocorre uma diminuição do teor de humidade ótimo. O solo tratado com cobre mostra um bom aumento no valor CBR e a resistência à compressão não confinada foi aumentada até 50%.

. **Havangi et al. (2012)** efectuaram um estudo sobre a conceção e a análise da estabilidade de um aterro de escória de cobre. Este artigo aborda as propriedades físicas, químicas e geotécnicas da escória de cobre, das cinzas de lagoa e do solo local. Misturaram a escória com o solo numa percentagem diferente, variando entre 25% e 75%. Foram efectuadas diferentes caracterizações, incluindo características de plasticidade, características de compactação, características de resistência ao cisalhamento, teste do rácio de suporte Califórnia e teste de permeabilidade. Descobriram que o misturador de solo de cinzas de lago de escórias de cobre com 50%-75% de escórias de cobre é adequado para a construção de aterros. O valor do rácio de suporte Califórnia das misturas de solos de escórias de cobre satisfaz os critérios de especificação MORTH para utilização na camada de sub-base do pavimento rodoviário. A partir dos resultados da análise de estabilidade, as diferentes secções transversais do aterro de escória de cobre resultaram num fator de segurança que varia entre 1,41 e 1,93.

Sahu et al. (2013) apresentaram um estudo sobre as propriedades de engenharia da mistura escória de cobre - cinzas volantes - dolomite e a sua utilização na camada de base de pavimentos flexíveis. O principal objetivo deste estudo foi a determinação de factores de influência importantes, como o teor de cinzas volantes, o teor de dolomite e o período de cura, nas características de resistência ao corte e de rigidez da mistura de escória de cobre, cinzas volantes e dolomite. Realizaram uma série de ensaios de resistência à compressão não confinada, ensaios de durabilidade e ensaios não consolidados não drenados com diferentes percentagens de cinzas volantes e cal dolomítica curadas até 28 dias. A partir da experiência, concluíram que a mistura de 20% de cinzas volantes e 80% de escória de cobre estabilizada com 15% de cal dolomítica era óptima para utilização na camada de base de pavimentos flexíveis. Formularam uma relação linear entre o valor da resistência à compressão não confinada e o período de cura. Verificaram que a tensão de desvio na rotura e o módulo de elasticidade aumentam linearmente com a pressão da célula em todos os períodos de cura. Propuseram uma relação que mostra a relação entre a tensão de desvio na rotura e a coesão obtida a partir do ensaio UCS.

2.2.3 Estabilização do solo com escórias de aço

Ali Aiban (2006) efectuou um estudo sobre a utilização de agregado de escória de aço para bases de estradas. Este trabalho abordou a utilização efectiva do agregado de escória de aço (SSA). Este estudo centrou-se na determinação do potencial de utilização de bases rodoviárias. Foram efectuados diferentes ensaios, incluindo o CBR e o ensaio de pressão de inchamento, para determinar as propriedades de engenharia das escórias de aço. Para determinar as características dos lixiviados perigosos em termos de metais pesados, foi efectuada uma análise da SSA. Os resultados dos ensaios mostram que a SSA não viola os limites estabelecidos nos níveis regulamentares das características de toxicidade. De tudo o que foi analisado, concluiu-se que a SSA tem características mecânicas, físicas e químicas que a tornam valiosa para utilização em diferentes aplicações de engenharia como substituto parcial ou total dos agregados convencionais. Também descobriram que a SSA pode ser misturada com areia e marga disponíveis localmente para melhorar a resistência. Isto pode minimizar os custos de transporte. Salientaram que é necessária mais investigação para investigar a interação química a longo prazo entre a SSA e outros solos.

Poh.H.Y et al. (2006) realizaram um estudo sobre a estabilização do solo utilizando finos de escória de aço com oxigénio básico. Este artigo descreve uma investigação laboratorial para a argila da China inglesa (ECC) e para o lamaçal da Mércia (MM). Este artigo descreve uma investigação laboratorial estabilizada com três finos de escória BOS provenientes de três locais diferentes de produção de aço no Reino Unido. As escórias BOS têm uma composição semelhante à do cimento Portland. A investigação também incluiu a utilização de uma mistura de finos de escória BOS e dois activadores diferentes: cal viva e metassilicato de sódio. Os resultados indicam que o uso de finos de escória BOS produz melhorias na resistência e durabilidade, e também redução na expansão. A partir do ensaio laboratorial, verificou-se que a utilização de escórias de BOS melhora as propriedades do solo em termos de resistência à compressão não confinada, estabilidade de volume e durabilidade e que a quantidade de melhoria depende da composição química. A cal viva foi utilizada como ativador para ativar as escórias de BOS, o que deu origem a duas reacções. A reação inicial e a reação pozolânica a longo prazo entre a cal e os minerais de argila foram dois dos mecanismos, sendo outro a rutura das camadas Si-O e Al-O que permitem a continuação da hidratação dos finos de escória BOS para formar produtos cimentícios. A utilização de Na2SiO3.5H2O como ativador dos finos de escória BOS na estabilização de solos parece ter mecanismos de reação mais complexos. Parece que a adição de Na2SiO3.5H2O aos finos de escória BOS cria mais sílica solúvel para permitir a formação de C-S-H e também silicato metálico insolúvel que formulou a ligação entre os finos de escória BOS e também a matriz que liga as partículas do solo. Concluíram que a escória de BOS é um bom material de estabilização para solos de grão fino.

Yildirim et al. (2011) apresentaram um estudo sobre as propriedades químicas, mineralógicas e morfológicas das escórias de aço. Este estudo dá uma visão geral dos diferentes tipos de escória de aço que são gerados a partir do processo de produção de aço em forno básico a oxigénio (BOF), forno elétrico a arco (EAF) e processo de refinação de aço em forno panela. Os dados de difração de raios X indicam a presença de MgO e CaO livres nas escórias. Estes foram identificados como a presença de minerais como a portlandite, merwinite, larnite, calcite e dolomite. As imagens SEM mostram que a maioria das partículas de escória de aço do tamanho de areia tinha formas subangulares a angulares. Foram observadas texturas de superfície muito rugosas com estruturas cristalinas distintas nas partículas de tamanho de areia das amostras de escória BOF e EAF no MEV.

Zhu et al. (2012) efectuaram um estudo sobre as propriedades cimentícias das escórias de aço. Neste estudo, realizaram o microscópio eletrónico, a análise do espetro de energia e a análise de difração de raios X.

A partir da análise de difração de raios X, os principais componentes minerais das escórias de aço são o silicato tricálcico (C3S), o silicato dicálcico (C2S), a fase RO, a rodonite (C3RS2), a olivina (CRS), a ferrite dicálcica (C2F), a ferrite de cálcio (CF), o CaO livre e o MgO livre. A análise da resistência à compressão do betão mostra que a adição de pó de escória em vez de cimento, numa determinada percentagem, aumenta a resistência à compressão. Verificaram também que a atividade do pó de escória de aço aumenta com o aumento da sua alcalinidade.

O artigo de **Akinwumi et al. (2013)** sobre o efeito da adição de escória de aço na plasticidade, resistência e permeabilidade do solo laterítico revela o efeito do aço nas propriedades de engenharia do solo, como a gravidade específica, o limite de consistência, as características de compactação, etc. A gravidade específica média da amostra de solo e da amostra de escória de aço pulverizada é de 2,65 e 3,58, respetivamente, variando a gravidade específica com o teor de escória. Quanto maior o teor de aço, maior a gravidade específica. Com o aumento da quantidade de escória de aço na mistura de solo laterítico e escória de aço, todos os limites de consistência diminuíram e, portanto, o índice de plasticidade também diminuiu. Este facto deve-se à presença de cal na escória de aço. A floculação e a aglomeração também ocorrem enquanto reagem com os minerais de argila no solo - responsáveis pela plasticidade do solo e pelo potencial de inchamento.

Montenegro et al. (2013) realizaram um estudo sobre "escória de forno panela na construção de aterros: comportamento expansivo". Para este estudo, utilizaram dois tipos de solo e dois tipos de escória de forno panela (LFS) e várias misturas destes. Os autores relataram as propriedades químicas, mineralógicas e geotécnicas dos materiais, para além da sua estabilidade volumétrica. A partir dos resultados dos testes, descobriram que são necessários longos períodos de tempo para atingir a expansão potencial da LFS devido à hidratação de certos aluminatos e óxido de cálcio, para além da lenta reação de hidrocarbonatação do óxido de magnésio. Resumiram que as reacções químicas que ocorreram durante um longo período de tempo nas misturas solo LFS podem ser 1) hidratação de aluminatos de cálcio 2) comportamento pozolónico da argila no óxido de cálcio 3) absorção de óxido de magnésio em minerais de argila, e 4) ligeira carbonatação de óxidos metálicos de ferro, cálcio ou magnésio. Salientaram também que nem todos os solos são adequados para estabilização por mistura com LFS, dependendo da composição mineral e da capacidade de troca catiónica da fração argilosa.

Concluíram que a utilização de escória básica de forno panela como material para a estabilização de solos em construções de aterros.

Manso et al. (2013) estuda as propriedades da escória de forno panela (LFS) e as características de vários solos argilosos susceptíveis de serem melhorados com a adição deste subproduto. A escória de forno panela é um tipo de escória de aço obtida a partir da refinação em forno panela de aços de carbono e de baixa liga. Concluíram que as misturas de solos argilosos e escórias LFS têm uma capacidade de suporte mais elevada do que o solo natural e descobriram também que as misturas de solo e escórias LFS e as misturas de solo e cal reduzem o índice de plasticidade e as propriedades de inchamento livre do solo. A mistura também tem maior resistência à compressão e reduz o abatimento por colapso. O índice de durabilidade das misturas de solo e escória LFS é superior ao índice de durabilidade das misturas de solo e cal. As partículas de argila do solo rearranjaram-se com a adição de escória de aciaria (floculação), produzindo uma mistura de solo com características mais friáveis, especialmente quando em contacto com a água. O aumento do valor do CBR embebido com o teor de escória deve-se ao facto de o rearranjo das partículas de argila no solo laterítico ser reduzido com o aumento do teor de escória.

Yildirim et al. (2015) realizaram um estudo sobre as propriedades geotécnicas da escória de aço de forno básico a oxigénio fresca e envelhecida. Neste estudo, realizaram uma série de experiências que incluem a análise granulométrica, a difração de raios X, a gravidade específica, a compactação, o peso unitário seco máximo e mínimo, o cisalhamento direto, a compressão triaxial drenada consolidada e o teste de inchamento a longo prazo. O ensaio foi realizado com escórias de aço de forno básico de oxigénio, frescas e envelhecidas. Os resultados dos ensaios indicam que tanto as escórias de aço BOF frescas como as envelhecidas apresentam características de resistência e rigidez superiores às dos materiais de fricção convencionais. Para determinar o procedimento de lixiviação das características de toxicidade (TCLP), foi efectuado um ensaio e esta escória foi classificada como resíduo sólido de tipo três, que tem um nível de concentração baixo de material perigoso. Este procedimento foi efectuado de acordo com o código administrativo do Indiana. Os resultados do ensaio de inchamento a longo prazo mostraram que tanto a amostra de escória de aço BOF fresca como a envelhecida aumentam de volume na presença de água, principalmente devido à hidratação da cal e da magnésia livres. As tensões de inchamento medidas em amostras de escória fresca foram mais elevadas do que as tensões medidas para as amostras de escória envelhecida. O envelhecimento das escórias de aço pode ajudar a aliviar, em certa medida, os problemas de inchamento a longo prazo. A substituição de 10% em peso de escória de aço BOF fresca ou envelhecida por cinzas volantes de classe C reduziu o inchaço a longo prazo para limites aceitáveis.

2.3 Estabilização do solo utilizando nano materiais

Zang et al. (2007) efectuaram um estudo sobre nanopartículas de solo e a sua influência nas propriedades de engenharia do solo. No estudo, descrevem as propriedades de alguns nanomateriais comuns, incluindo a área superficial, a morfologia das partículas, as cargas superficiais e a nano porosidade. Devido à elevada área superficial e à carga superficial, as nanopartículas podem afetar significativamente as propriedades físicas e geotécnicas do solo. A presença de nanopartículas fibrosas torna o solo mais tixotrópico e aumenta a sua resistência ao cisalhamento. A presença de nanopartículas aumenta a resistência, através do efeito de tecelagem (tal como o reforço de fibras) e da atração superficial. Concluíram que é proposta uma nova categoria de partículas de solo - "nanossolo" - para definir as nanopartículas de solo e separá-las das partículas de argila, a fim de refletir as propriedades significativamente diferentes entre as partículas de argila e as nanopartículas e o papel dominante das nanopartículas no controlo das propriedades de engenharia do solo.

Khattak et al. (2011) efectuaram um estudo sobre as "características mecanísticas do ligante asfáltico e da matriz asfáltica modificada com nanofibras". O asfalto misturado a quente (HMA) é uma combinação de cerca de 95% de pedras, cascalho e areia ligados entre si, mas com cimento asfáltico e produto de petróleo bruto. O cimento asfáltico com agregado fino é designado por matriz asfáltica, o que torna o HMA visco-elástico. Este estudo centra-se principalmente no asfalto, cimento e matriz asfáltica, incluindo a preparação. Caracterização mecanicista destas misturas modificadas com nanofibras de carbono (CNF). O cimento asfáltico é modificado com diferentes percentagens de CNF, variando de 1%, 2,5%, 4%, 12%. Para obter a maior dispersão de CNF na matriz de cimento asfáltico, foram utilizados dois tipos diferentes de técnicas de dispersão. O reómetro de cisalhamento dinâmico foi utilizado para determinar o módulo de cisalhamento complexo e a conformidade com a fluência. O teste mostra que há um aumento significativo no módulo de cisalhamento e na conformidade de fluência com a adição de CNF. A dosagem óptima é identificada entre 4% e 12% de CNF.

Taha et al. (2012) efectuaram um estudo sobre a influência dos nanomateriais no comportamento expansivo e de retração do solo. Os ensaios de expansão e retração foram realizados para investigar o efeito de três tipos de nanomateriais (nanoargila, nanoalumina e nanocobre). Foi efectuada uma experiência em solo residual compactado com diferentes percentagens de bentonite, variando de 0% a 20%. Foram efectuadas as propriedades físicas e mecânicas das amostras tratadas. Verificou-se que a adição de uma percentagem óptima de nanomateriais melhora tanto a tensão de dilatação como a tensão de retração. O resultado mostra que o nanomaterial diminui o desenvolvimento de fissuras de dessecação na superfície das amostras compactadas sem uma diminuição da condutividade hidráulica.

Green et al. (2012) apresentaram um estudo sobre o desenvolvimento de caldas de cimento de alta densidade e alta resistência utilizando nanopartículas de sílica coloidal. A nanopartícula de sílica utilizada nesta experiência apresenta-se sob a forma de uma sílica coloidal amorfa ultrafina, juntamente com agregado fino de hematite, agregado fino de sílica, fumos de sílica, . Esta partícula de sílica coloidal é utilizada como aditivo químico para modificar a viscosidade e evitar a segregação dos agregados, substituindo a argila de benotina de sódio. Aumenta a resistência à compressão. As propriedades mecânicas resultantes deste RMG colocado em arquivo incluíram uma resistência à compressão não confinada de 91,2 Mpa, uma densidade endurecida de 2,68 g/cm^3 e velocidades de impulso ultrassónico de 4,4 km/s. Isto indica uma melhoria significativa da resistência na gota devido à adição de nano partículas de sílica coloidal.

Ugwu et al. (2013) efectuaram um estudo experimental sobre a nanotecnologia como solução preventiva para falhas nas infra-estruturas rodoviárias. Foi efectuada uma experiência laboratorial com amostras de solo nigeriano tratadas e não tratadas de forma diferente, tais como solos de laterite, argila e algodão preto. Os ensaios laboratoriais revelaram que os solos lateríticos e argilosos tratados melhoraram o limite líquido, o limite plástico e o índice de retração, incluindo as propriedades hidrofóbicas. Há uma melhoria significativa no rácio CBR, que é de cerca de 87%-125%. Mostraram que as propriedades geotécnicas melhoram significativamente após a utilização de nanomateriais. Discutem também a química da reação de nanomateriais típicos. Concluíram que a amostra de solo tratada aumenta a durabilidade dos pavimentos rodoviários.

Zaid et al. (2014) apresentaram a estabilização de solos moles utilizando nanomateriais. Estão a utilizar três tipos de nanomateriais: nanocobre, nanoargila e nanomagnésio. Experiências de laboratório, tais como limites de Atterberg, retração linear, características de compactação e resistência à compressão não confinada foram realizadas pela adição de pequenas quantidades de ($\leq 1,0\%$) por peso seco do solo. Realizaram esta experiência em dois tipos de amostras de solo obtidas de diferentes partes da Malásia. Concluíram que a densidade seca aumentava com o aumento da percentagem de nanomateriais. Por outro lado, o teor de humidade ótimo da mistura diminuiu. Quando a percentagem de nanomateriais excede a percentagem óptima (mais de 1%), há indícios de aglomeração de partículas, o que afecta negativamente as propriedades mecânicas da mistura. Verificou-se uma melhoria significativa noutras propriedades, como o índice de plasticidade, a retração linear e a resistência à compressão não confinada.

Faruk et al. (2014) efectuaram uma revisão sobre a aplicação da nanotecnologia na engenharia de pavimentos, tendo referido a história e a aplicação da nanotecnologia. A nanotecnologia é uma ciência interdisciplinar. É primeiro envolvida na física. E centram-se no desenvolvimento atual e potencial da engenharia de pavimentos, em que são utilizadas as propriedades únicas dos nanomateriais. Há vários domínios em que as nanotecnologias podem complementar a engenharia de pavimentos. A primeira pode ser utilizada para o desenvolvimento de materiais melhorados, a segunda pode ser utilizada para métodos de caraterização para melhorar as propriedades dos materiais. Concluíram que podem ser utilizadas para melhorar as propriedades físicas e de engenharia dos materiais.

Mendes et al. (2014) apresentaram uma revisão sobre nano partículas em nano materiais à base de cimento. O estudo centrou-se no cimento Portland comum. Vários tipos de nanopartículas são testados no cimento utilizado para melhorar o seu desempenho e durabilidade, conduzindo a um material ligante eco-eficiente. A partir dos trabalhos de investigação publicados, concluíram que a adição de nanopartículas melhora o desempenho mecânico, principalmente a resistência à compressão e a resistência à flexão do material à base de cimento. Estas melhorias estão relacionadas com dois aspectos da pasta de cimento que contém o efeito de empacotamento e nucleação de nanopartículas observado para todos os nano-óxidos e nanotubos de carbono. No caso dos nanossilicatos, a reação pozolânica desempenha um papel importante na melhoria das propriedades mecânicas.

Rahian taha et al. (2015) realizaram experiências sobre o tratamento de solos moles com óxido de nanomagnésio. Investigaram o efeito do óxido de nanomagnésio em algumas propriedades geotécnicas do solo local. O solo é misturado com nanomateriais numa gama de 0 a 1% do peso seco do solo. Os espécimes testados são feitos com quatro teores de água diferentes. As experiências geotécnicas, como o ensaio de compressão não confinada e os limites de consistência, são efectuadas na mistura de nano-solo. O índice de plasticidade apresenta uma redução em comparação com o solo não tratado. A quantidade de redução é proporcional à dosagem de óxido de magnésio e ao tempo de cura. Registou-se um aumento significativo da resistência à compressão não confinada do solo tratado em comparação com o solo não tratado. A propriedade mecânica muda de dúctil para quebradiça. E há um aumento notável no valor do módulo de Young. Concluíram que a utilização de N-MgO induziu uma maior capacidade de melhorar as propriedades geotécnicas do solo tropical.

Khalid et al. (2015) efectuaram um estudo sobre a influência de nanopartículas de solo na estabilização de solos moles. A amostra de solo mole utilizada para a experiência é recolhida na Malásia e a amostra de nano-solo é obtida a partir do processo de pulverização de amostras de solo através do processo de moagem de alta energia em tamanho de nano partículas. As gamas de nano amostras de solo utilizadas para este ensaio variam entre 2% e 4%. Este estudo envolve três ensaios laboratoriais principais: ensaio de resistência à compressão não confinada, ensaio de drenagem consolidada e ensaio de limite de Atterberg. Os resultados dos ensaios mostram que a adição de nanoargila aumentou a resistência à compressão do solo em cerca de 3% a 22%. A adição de nanomateriais melhora o ângulo de atrito interno de 7% para 17% e o índice de plasticidade diminui de 8% para 25%, o que indica uma melhoria das propriedades do solo.

2.4 Estabilização do solo com cimento.

Masaki et al. (2004) efectuaram experiências sobre ensaios laboratoriais de resistência a longo prazo de solos tratados com cimento. Efectuaram experiências em diferentes condições de exposição. Neste estudo, a distribuição no solo tratado exposto a água doce, água do mar e argila não tratada foi medida para investigar a influência das condições de exposição. No caso da exposição à água doce ou à água do mar, ocorre uma grande diminuição da resistência perto da superfície de exposição e a deterioração estende-se para o interior com o passar do tempo. No caso de exposição a argila, verifica-se uma diminuição insignificante da resistência. Mas no caso de um espécime selado, ocorre uma resistência relativamente grande durante doze meses, mas a resistência diminui perto do fim do espécime.

Andrersson et al. (2006) apresentaram um trabalho sobre ligantes à base de cimento hidráulico para a estabilização em massa de solos orgânicos. A estabilização em massa é efectuada por uma ferramenta de mistura instalada numa máquina escavadora. Este método aplica-se normalmente a turfa e a solos orgânicos, sendo a necessidade de estabilizar o solo orgânico muito maior. Utilizando um aglutinante à base de cimento hidráulico, foram apresentados novos métodos de estabilização. Estão a utilizar uma mistura de cimento e escória granulada de alto-forno em vez do método tradicional de estabilização com cal. Os resultados mostram que este aglutinante é o estabilizador eficaz para solos orgânicos de uma forma amiga do ambiente

Zhang.Z et al. (2008) efectuaram um estudo sobre a durabilidade de solos de baixa plasticidade estabilizados com cimento. Foram realizados ensaios de sucção de tubos, de resistência à compressão não confinada e de durabilidade por humedecimento e secagem. Foram modeladas seis amostras com diferentes dosagens de cimento 2,5%, 4,5%, 6,5%, 8,5%, 10,5 e 12,5% do peso unitário seco do solo e quatro teores de humidade de moldagem diferentes. (15.5, 18.5, 21.5, 24.5 %). A partir dos resultados do teste, é demonstrado que o rácio água-cimento no solo estabilizado com cimento tem uma influência significativa nas propriedades do solo. Mostrou variação no peso unitário seco, UCS e valores de durabilidade. Foi elaborado um gráfico de durabilidade com base nestas experiências.

2.5 Análise de aterros reforçados e não reforçados

Jewell (1988) explicou o mecanismo de aterro reforçado através da sua literatura sobre o tema "Mecanismo de aterro reforçado em solos moles", tendo tentado estabelecer os métodos adequados para a conceção e análise de aterros reforçados. A análise do círculo de deslizamento para um aterro em solos moles foi examinada através da solução de plasticidade e permitiu descobrir a estabilidade em diferentes casos de carga do aterro. A conclusão é que a análise do círculo de deslizamento é satisfatória no caso de depósitos profundos de solo com resistência que aumenta com a profundidade. No entanto, quando a profundidade do solo mole é limitada, a análise do círculo de deslizamento parece sobrestimar a estabilidade e recomenda-se a utilização das soluções de plasticidade como base para o projeto.

Low et al (1990) apresentaram um estudo sobre a "análise do círculo de deslizamento de aterros reforçados em solos moles". Propuseram equações e gráficos simples para determinar o fator de segurança de aterros sobre solos moles reforçados com geotêxteis. A análise baseia-se na rotura rotacional. O reforço foi colocado na base do aterro. Foram efectuadas análises com base em diferentes pesos, declives, coesão, ângulo de atrito do solo no aterro e diferentes orientações da força de reforço. As equações propostas são comparadas com dois programas informáticos STABGM e EMSOFGM. Também foram comparadas com quatro soluções gráficas existentes, tais como a carta de Milligan e Busbridge, a carta de Hird e a carta de projeto Stabilenka. Concluíram que a força efectiva no reforço em condições de trabalho pode não ser a mesma que a força calculada a partir do diagrama. Se a força real for inferior à força medida, então o fator de segurança real em relação à resistência ao corte do solo será inferior ao fator de segurança exigido. Os estudos baseados em métodos de elementos finitos são promissores e podem ser utilizados em conjunto com os diagramas de equilíbrio limite para ultrapassar esta limitação do método de equilíbrio limite.

Rowe e Li (1999) efectuaram um estudo sobre "Aterros reforçados sobre fundações moles em condições não drenadas e parcialmente drenadas". Os autores estudaram o comportamento de aterros reforçados sobre solos moles em condições não drenadas e parcialmente drenadas, utilizando o modelo de solo de calote elíptica. São examinados os efeitos da rigidez do reforço, da consolidação parcial do solo de fundação durante a construção do aterro e dos solos de fundação com diferentes perfis de resistência inicial não drenada. O efeito do reforço na deformação do solo de fundação é avaliado. É demonstrado que o reforço pode reduzir significativamente as deformações laterais máximas, a deformação vertical e o alteamento do solo de fundação durante a construção do aterro. Concluíram que o reforço geossintético pode aumentar substancialmente a estabilidade dos aterros sobre as fundações macias, tanto em condições não drenadas como parcialmente drenadas.

Taechakumthorn e Row (2012) realizaram um estudo sobre o "Desempenho de um aterro reforçado num depósito de argila sensível de Champlain". Um modelo constitutivo elasto-visco-plástico existente é modificado utilizando os conceitos dos parâmetros de fluidez dependentes do estado e a lei do dano, para incorporar o efeito da estrutura do solo e a sua destruição. O modelo é utilizado para simular o desempenho de um estudo de caso de um aterro de ensaio reforçado construído sobre um depósito sensível de argila Champlain em Saint Alban, Quebec. Os cálculos de elementos finitos, utilizando os modelos de solo original (não estruturado) e modificado (estruturado), são comparados com os dados de campo observados de um aterro de ensaio levado à rotura. Os resultados do modelo de solo estruturado mostram uma melhor concordância com os dados de campo, quando comparados com os resultados analisados utilizando o modelo de solo elastoviscoplástico não estruturado. O papel do reforço geossintético e da sua viscosidade nas respostas a curto prazo do aterro reforçado analisado neste estudo é também discutido.

2.6 Modelação de elementos finitos de aterro

Abusharar (2009) efectuou um estudo sobre a "modelação por elementos finitos do comportamento de consolidação de um aterro rodoviário suportado por vários pilares". A fundação multipilar consiste em diferentes tipos de pilares com comprimento e diâmetro variáveis, utilizados para suportar o aterro e para mobilizar a resistência e a rigidez do solo a pouca profundidade. Este modelo foi realizado utilizando o problema bidimensional de consolidação por deformação plana, com secção transversal completa utilizando o PLAXIS 3D. São utilizados três tipos de materiais para o apoio de várias colunas: coluna de cal, coluna CFG e coluna SC. A partir da análise efectuada, verificou-se que o tratamento do solo com várias colunas pode reduzir significativamente o assentamento total e diferencial e restringir o movimento lateral do aterro. Como resultado, a estabilidade do aterro pode ser melhorada. Também referiram que a fundação composta multicolunas formada por colunas CFG-cal é mais eficaz do que a formada por colunas SC-cal. A combinação CFG-colunas de cal melhora a estabilidade a longo prazo do aterro devido ao facto de o módulo de compressão das colunas CFG ser significativamente superior ao das colunas SC.

Kasim et al. (2013) efectuaram um estudo numérico sobre o tema "simulação de aterro de altura segura em solo macio utilizando PLAXIS". Foi utilizado um geotêxtil com diferentes espaçamentos para melhorar o solo. A altura do aterro variou de 3 m a 5 m. A estabilidade do aterro foi analisada utilizando o software PLAXIS 2D baseado em elementos finitos. Todas as análises foram efectuadas em condições não drenadas para o solo de fundação, enquanto que para o aterro foram utilizadas condições drenadas. A partir da análise, concluíram que a altura do aterro e o espaçamento entre o reforço geotêxtil influenciam a deformação de um aterro.

Vashi et al. (2013) realizaram um estudo sobre a "Análise de aterros reforçados com geotêxteis em condições de subsolo difícil". O comportamento de aterros reforçados com geotêxteis (GRE) em condições de subsolo difícil foi analisado neste estudo. O aterro foi preenchido com solo de flyash (80%) e argila (20%) e os factores de segurança obtidos a partir do equilíbrio geral limite e da análise de elementos finitos. Para comparar com os resultados da análise do GRE, foi adoptada uma rigidez variável do geotêxtil de 50 kN/m a 2000 kN/m como reforço e foram efectuadas várias análises do método dos elementos finitos (MEF) com o software GEO5-FEM. Os resultados da modelação, tais como as deslocações horizontais e verticais máximas em GRE, estão em boa sintonia com os dados medidos por outros investigadores. Além disso, as deslocações horizontais máximas e o assentamento vertical não têm uma influência notável ao diminuir o espaçamento vertical de 0,5 m para 0,4 m para o geotêxtil. Concluíram que, para além de 500 kN/m, a resistência do reforço geotêxtil não é eficaz para reduzir o deslocamento da face do aterro e/ou a deformação do solo de aterro, mesmo que a tensão de tração mobilizada após a construção seja muito pequena

Rathan Lal et al. (2014) efectuaram um estudo sobre o tema "modelação numérica de paredes de cinzas volantes reforçadas com células sujeitas a cargas em faixas". Efectuaram um estudo de modelação por elementos finitos para estimular a resposta de paredes de cinzas volantes reforçadas com células sujeitas a cargas em faixas. Foi efectuado um estudo de modelo em pequena escala no laboratório, com base no estudo do modelo, a mesma experiência é estimulada utilizando o software PLAXIS 2D. A garrafa de água de plástico foi utilizada como material de reforço celular para o estudo do modelo. Os ensaios em modelo foram efectuados colocando o reforço celular sob a forma de colchões em 5 camadas com um espaçamento vertical igual de 110 mm. A cinza volante do aterro foi modelada como material elástico linear perfeitamente plástico com critérios de rotura de Mohr-Coulomb e o reforço celular foi modelado como material elasto-plástico. Os resultados da simulação por elementos finitos para os padrões de rotura, o deslocamento horizontal do painel de revestimento e o assentamento do aterro mostraram uma concordância razoável com os resultados experimentais. A comparação dos resultados experimentais e da simulação por elementos finitos revela um erro máximo de cerca de 10,66%.

Khan et al (2014) efectuaram "uma modelação numérica do aterro de uma autoestrada através de diferentes técnicas de melhoramento do solo". Efectuaram um estudo comparativo de dois materiais de enchimento de aterros, como o material de enchimento normal e o flyash. A geogrelha é utilizada para a estabilização do solo. A estabilidade e o assentamento foram calculados para diferentes materiais de aterro com e sem geogrelha. O modelo Mohr Columb foi utilizado em condições de carga estática. Concluíram que o material de enchimento normal estabilizado com geogrelha tem uma boa estabilidade em comparação com o outro material.

Wulandari e Tjandra (2015) efectuaram uma análise de "aterro rodoviário reforçado com geotêxtil utilizando PLAXIS 2D". Descobriram a resistência ideal à tração do geotêxtil para aterros rodoviários, tendo em conta os factores de segurança e de deslocamento admissíveis. Consideraram que a resistência à tração do geotêxtil varia entre 100 e 1000 kN/m e que o solo de fundação é argila mole. O modelo de Mohr Coulomb foi utilizado para a análise. Através deste estudo, concluíram que o fator de segurança tende a aumentar com o aumento da resistência à tração do reforço geotêxtil e que o deslocamento não deve ter qualquer efeito significativo de um aumento da resistência à tração do geotêxtil.

2.7 Análise da estabilidade de taludes

Bishop (1954) propôs a análise da estabilidade de taludes através da sua literatura "The use of slip circle in the stability analysis of slope". Formulou um método aproximado para determinar a estabilidade de taludes. Neste trabalho, ele inspeccionou duas classes de problemas: uma é a conceção de estruturas de retenção de água, barragens de terra e aterros. A segunda é a análise da estabilidade a longo prazo de cortes e taludes naturais. Também efectuou a análise de taludes parcialmente submersos.

O método das fatias foi utilizado para determinar o círculo de deslizamento crítico e o fator de segurança mínimo. Com base na análise de exemplos parciais, concluiu que este método fornece melhores valores de estabilidade do que outros métodos convectivos.

Low (1989) sugeriu um método para determinar a estabilidade de aterros em solos moles. Trata-se de um processo convencional e semi-analítico. O autor desenvolveu números de estabilidade N_1 e N_2. O fator de segurança foi determinado utilizando um conceito de equilíbrio de momentos. Foi analisada a importância da resistência da fundação e da resistência do aterro na contribuição do fator de segurança. Todos os métodos se baseiam num pressuposto: a resposta de curto prazo e não drenada da argila. O autor ilustrou este método através de vários exemplos e os resultados são comparados com outros métodos de fator de segurança. O método sugerido pelo autor tem um procedimento simples e pode ser utilizado para determinar a estabilidade de um círculo de deslizamento circular.

Kaniraj (1994) sugeriu uma solução para a estabilidade rotacional de aterros não reforçados e reforçados em solos moles. O autor considerou o caso geral de um aterro com fissuras de tração seca de altura parcial, uma berma e uma escavação fora da berma. Foi efectuada uma análise baseada no equilíbrio limite em círculo de deslizamento circular utilizando o princípio da tensão total. A equação de localização do círculo de deslizamento e o fator mínimo de segurança foram utilizados para determinar a estabilidade de aterros não reforçados e reforçados. Foram formuladas várias equações para diferentes condições de reforço. Foram analisados diferentes exemplos de problemas utilizando esta solução. A solução obtida através deste método foi comparada com outros métodos de estabilidade de taludes e concluiu-se que o método sugerido dá bons resultados.

2.8 Análise da estabilidade de taludes com algoritmo genético

Mccombie e Wilkinson (2002) realizaram um estudo sobre "a utilização do algoritmo genético simples para encontrar o fator crítico de segurança na análise da estabilidade de taludes". Concluíram que o método do algoritmo genético simples (SGA) é superior a outros métodos de otimização porque o SGA encontra o valor mínimo global, enquanto outros métodos encontram falsos mínimos. Este método SGA necessita apenas de um menor número de possibilidades. O algoritmo genético simples pode necessitar de várias execuções para produzir a solução óptima, uma vez que cada execução começa com uma população aleatória de soluções possíveis. Efectuaram um estudo comparativo do SGA com um método de força bruta e a técnica de Monte Carlo. Concluíram que a SGA pode ser utilizada com êxito para encontrar o círculo de escorregamento crítico. Também referiram que produz resultados mais rapidamente do que uma abordagem de força bruta e que este método tem sido utilizado com uma série de métodos de definição da superfície de deslizamento.

Goh (1999) estudou a "pesquisa por algoritmo genético da superfície crítica de deslizamento na análise de estabilidade de múltiplas cunhas". Este artigo descreve a utilização de um algoritmo genético para determinar a superfície crítica de deslizamento de um talude com base na análise de estabilidade de múltiplas cunhas. O procedimento global do estudo inclui a formação da equação da superfície de deslizamento, o cálculo da equação do fator de segurança, a determinação da superfície de deslizamento crítica que dá o fator de segurança mínimo com base no algoritmo. Três exemplos foram demonstrados neste trabalho para mostrar a eficácia da abordagem do algoritmo genético. A partir dos resultados, verificou-se que o método do algoritmo genético era suficientemente robusto para lidar com camadas de solos com camadas fracas e finas e é tão eficiente e exato como o método convencional de pesquisa de padrões.

Sun et al (2008) efectuaram um estudo sobre a "procura da superfície de deslizamento crítica na análise da estabilidade de taludes através do método GA baseado em splines". Neste estudo, a função de aptidão foi criada com base no método de Spencer. O operador da roleta foi utilizado como operador de seleção. No cálculo do algoritmo genético foi utilizado o cruzamento de um único ponto com mutação aleatória. Foram apresentados três exemplos para ilustrar a fiabilidade e a eficiência do método. Foram utilizados os métodos da spline e da linha para determinar a superfície de deslizamento. Os resultados foram comparados com os trabalhos de outros investigadores e verificou-se que os resultados são próximos dos seus trabalhos. A superfície de deslizamento definida por curvas estriadas dá melhores resultados do que a superfície de deslizamento definida por linhas rectas. Verificaram também que o método GA pode ser utilizado para determinar a estabilidade de taludes homogéneos, taludes com várias camadas e taludes com uma camada fraca. Concluíram que, com o método GA, se poupa muito tempo de CPU e memória de armazenamento.

Sengupta e Upadhyay (2009) realizaram um "estudo sobre a localização da superfície de rotura crítica numa análise da estabilidade de um talude através de um algoritmo genético". Neste trabalho, compararam os métodos existentes para determinar a superfície de rotura crítica, como o método de Fellenius, o método de Baker e Garber, as técnicas de Mote Carlo e a lógica difusa, etc. Sugeriram que os métodos existentes estão a dar um valor mínimo local da superfície crítica e que o algoritmo genético converge para o mínimo global. Para a modelação do problema da estabilidade do talude, utilizaram o método de Bishop e derivaram a equação completa em termos do centro e do raio do círculo de deslizamento. Os resultados mostram que o algoritmo genético pode ser utilizado com sucesso para localizar a superfície de falha crítica num talude de solo. Verificaram também que o algoritmo genético consumia menos memória do que o método de Monte-Carlo.

Das (2005) efectuou um estudo sobre o tema da análise da estabilidade de taludes utilizando algoritmos genéticos. Neste estudo, utilizaram um algoritmo genético de código real para determinar o fator de segurança de taludes de solo utilizando o método da cunha. O problema de otimização foi resolvido utilizando equações de equilíbrio não lineares e o fator de segurança foi determinado com base nessas equações. O algoritmo genético determina um certo número de superfícies de falha e o correspondente fator de segurança. A metodologia deste estudo inclui o desenvolvimento da função objetivo ii) a aplicação do AG na resolução da função objetivo. Para o desenvolvimento da função objetivo foi adotado o método das três cunhas. O fator de segurança obtido neste estudo foi inferior ao obtido pelo método simplificado do bispo. Concluíram que o AG fornece uma solução mais próxima do valor ótimo, ao contrário dos métodos tradicionais, e que ajudará a encontrar a variabilidade do fator de segurança ao longo do declive.

Liet al. (2010) efectuaram um estudo sobre a "abordagem eficiente para localizar a superfície de deslizamento crítica na análise de estabilidade de taludes utilizando um algoritmo genético de código real". Desenvolveram uma abordagem de pesquisa para localizar a superfície de deslizamento crítica não circular na análise de estabilidade de taludes. Incluem as condições de compatibilidade geométrica e cinemática das superfícies de deslizamento. A técnica de fronteira dinâmica foi utilizada para os vértices das superfícies de deslizamento. Efectuaram a análise em seis exemplos diferentes. Tanto o método de equilíbrio limite como os métodos de elementos finitos são incorporados nesta abordagem de pesquisa. Concluíram que o algoritmo genético pode ser aplicado com sucesso a problemas de localização da superfície de deslizamento crítica não circular.

Pina e Jimenez (2014) efectuaram um estudo sobre o "algoritmo genético para a análise da estabilidade de taludes com superfícies de deslizamento côncavas utilizando operadores personalizados". Explicaram diferentes tipos de cruzamento, como o cruzamento heurístico e o cruzamento aritmético. Diferentes operadores de mutação, como a mutação uniforme e não uniforme de nós individuais, a mutação não uniforme total, a mutação reta, a mutação de vértices extremos, a mutação parabólica, a mutação aleatória de nódulos e a mutação reta de nódulos. Efectuaram uma análise em três amostras diferentes e os resultados indicam que o algoritmo genético proposto apresenta capacidades de previsão adequadas, fornecendo resultados semelhantes que melhoram ou as soluções FS mínimas relatadas na literatura. Concluíram que o algoritmo genético é eficiente e combina velocidade de convergência e robustez.

2.9 Avaliação crítica da literatura analisada

A literatura revista indica que as escórias geradas pela indústria têm sido utilizadas com sucesso em muitos projectos de engenharia geotécnica e de transportes. A literatura revista mostra que a utilização de escória, incluindo a escória de aço, na estabilização do solo (por exemplo, Akinmurusu (1991), Wild et al. (1998), Singh et al. (2008), Havangi et al. (2012), Sahu et al. (2013), Ali Aiban (2006), Akinwumi et al. (2013))

Mas em todos os estudos a utilização de escória de aço é inferior a 10% em peso. Assim, o presente estudo centra-se na utilização a granel (mais de 30% de escória em peso) de escória de aço como material de camada de pavimento de autoestrada.

Os estudos sobre a estabilização do solo com cimento e nanomateriais têm sido efectuados por muitos investigadores (por exemplo, Zang et al. (2007), Khattak et al. (2011), Taha et al. (2012), Green et al. (2012), Zaid et al. (2014), Andrersson et al. (2006), Zhang.Z et al. (2008)) O material nanossílica não foi utilizado em nenhum estudo anterior, pelo que este estudo se centra na utilização de nanossílica combinada com cimento e tenta obter uma mistura óptima com o teor reduzido de cimento.

O método dos elementos finitos é um método avançado utilizado para a modelação da intracção solo-estrutura do solo. O Plaxis é um software baseado em elementos finitos que se tornou popular em todo o mundo. Foram efectuados numerosos estudos no domínio da modelação de aterros e da análise da estabilidade utilizando o Plaxis e outros programas de elementos finitos (por exemplo, Sari et al. (2009), Kasim et al. (2013), Vashi et al. (2013), Rathan Lal et al. (2014), Wulandari e Tjandra (2015)). Não existe literatura disponível sobre o tema da modelação à escala real de aterros utilizando o Plaxis 3D. Este estudo centra-se no modelo à escala real de um aterro reforçado utilizando diferentes materiais de aterro.

O algoritmo genético é uma ferramenta eficiente utilizada para a otimização. A análise da estabilidade de um talude pode ser efectuada de forma eficaz utilizando o algoritmo genético. Vários estudos foram efectuados por investigadores sobre o tema da análise da estabilidade de taludes utilizando o algoritmo genético. Não existem estudos sobre o tema da análise da estabilidade de taludes de aterros reforçados utilizando o algoritmo genético. Neste estudo, o foco é a análise da estabilidade de aterros reforçados constituídos por diferentes materiais de aterro. Também se efectua um estudo comparativo entre os resultados dos elementos finitos e os resultados do algoritmo genético.

2.10 Finalidade e objetivo do estudo

- Determinação das propriedades físicas, químicas, mineralógicas e geotécnicas da escória de aciaria, do solo powai, do cimento e da nano-sílica através de estudos experimentais em laboratório
- Estão a ser desenvolvidos esforços para melhorar as propriedades geotécnicas do solo utilizando escórias de aço de várias formas, principalmente na aplicação de camadas de pavimento e na construção de aterros de estradas
- Estudar o efeito do cimento na melhoria das propriedades geotécnicas de uma mistura óptima de escórias com solo.
- Estudar o papel do nano material na estabilização do solo através do estudo experimental da mistura solo - escória. Determinar a mistura óptima a partir do estudo da combinação de cimento e nano material que pode ser usada para a construção de camadas de pavimento
- Estudo do comportamento de aterro de autoestrada reforçado com geotêxtil com mistura de solo e escória de aciaria e aterro natural através de elementos finitos tridimensionais baseados no software Plaxis 3D

- Estudar o comportamento de modelos numéricos de aterro de autoestrada constituídos por mistura solo-escória de aço e mistura solo-escória de cobre reforçados com geotêxtil e geocélula de diferentes rigidezes elásticas.

- Estudo do comportamento de aterro de geoformas e aterro de geomaterial de poliestireno expandido utilizando o software Plaxis 3D.

- Determinar a estabilidade do talude de um aterro utilizando o algoritmo genético baseado no equilíbrio limite e comparar os resultados com os resultados da análise de elementos finitos.

Capítulo 3
Propriedades dos materiais

3.1 Geral

Neste capítulo, foi efectuada a investigação detalhada das propriedades físicas, químicas, mineralógicas e geotécnicas de diferentes materiais e a classificação dos materiais de acordo com as suas propriedades. Os procedimentos mencionados no Bureau of Indian Standards são rigorosamente seguidos para garantir a uniformidade experimental em todo o projeto. A análise por peneiração, o ensaio de limite de consistência, o ensaio de compactação, o ensaio de cisalhamento direto, o ensaio de relação de suporte Califórnia, o ensaio de resistência à compressão não confinada, o ensaio de permeabilidade, o ensaio de microscópio eletrónico de varrimento, a difração de raios X e a fluorescência de raios X são os ensaios utilizados para a análise experimental.

3.2 Material

As propriedades do material são necessárias para interpretar o comportamento da estrutura e são utilizadas para analisar os resultados experimentais e de elementos finitos. Os materiais utilizados nesta experiência são escórias de aço, solo local (solo de Powai), nanomateriais e cimento

3.2.1 Solo de Powai

O solo utilizado nestes estudos foi recolhido no campus do IIT de Bombaim a cerca de 2 m abaixo da superfície do solo. O nome local do solo é Powai soil. Este solo é geralmente do tipo silto-arenoso e tem boas propriedades vegetativas.

3.2.2 Escórias de aço

As escórias de aço utilizadas no presente estudo foram um subproduto da produção de aço em forno de arco elétrico nas indústrias siderúrgicas de Bhuwalka, Thane, Índia. A apreciação visual da escória de aciaria é mostrada na Figura 3.1. As escórias de aciaria são um tipo de material siltoso com elevada gravidade específica. As escórias utilizadas nesta experiência são trituradas por uma máquina de trituração normal e essa escória triturada é utilizada para o estudo experimental.

Figura 3.1: Escória de aço **Figura 3.2**: Nano-sílica

3.2.3 Nano-sílica

Nesta experiência, a nano-sílica com calda hidráulica (DKIC LP400) é utilizada como material nano para fins de estabilização química. Esta mistura foi recolhida na empresa Dr. Khan Industrial Consultant's Pvt.ltd Thane. A mistura é composta por partículas de sílica amorfa de tamanho nanométrico que estão dispersas na água. Uma vez que as partículas são extremamente pequenas, são muito estáveis à gelificação e agregação. Cada partícula individual é estabilizada por uma carga iónica na partícula de sílica. No entanto, pode ser facilmente gelificada se o carácter iónico for perturbado. Isto é conseguido de uma forma muito simples através de um acelerador. Ao controlar a quantidade de acelerador, é possível obter o tempo de gelificação desejado. Este pode ser variado de alguns minutos a algumas horas. Toda a formulação é isenta de qualquer solvente orgânico. O produto final resultante após a gelificação consiste em sílica-gel amorfa polimerizada e sem conteúdo orgânico. O processo de gelificação é irreversível e permanente. As vantagens destes materiais são a viscosidade muito baixa, a temperatura de trabalho alargada, a presença de produtos químicos não corrosivos e não agressivos, melhorando assim as condições de trabalho. A apreciação visual da nano-sílica é apresentada na Figura 3.2.

3.2.4 Cimento

O cimento utilizado nesta experiência foi recolhido no laboratório de betão do IIT Bombay. O cimento utilizado foi o cimento Portland normal. É um material de ligação com propriedades coesivas e adesivas que o tornam capaz de unir os diferentes materiais de construção sob a forma de um conjunto compactado.

3.3 Propriedades dos materiais

As propriedades do material utilizado neste estudo são investigadas através de experiências laboratoriais. Todas as experiências foram efectuadas de acordo com as especificações das normas indianas.

3.3.1 Teor de humidade natural (IS: 2720 (Parte 2) -1973)

O teor de humidade natural do material é determinado de acordo com a norma IS:2720 (parte 2), tanto para o solo de Powai como para as escórias de aço. O teor de humidade natural do solo de Powai é de 17% e o da escória de aço é de 0,733%, o que indica uma menor afinidade da escória de aço para a absorção de água.

3.3.2 Índice de ondulação livre (IS 2720: 1977 (parte-40))

O índice de inchamento livre é uma ferramenta utilizada para identificar a propriedade de inchamento de um material. Assim, foi efectuada uma experiência para estudar o índice de dilatação livre das escórias de aço e do solo de acordo com a norma IS:2720 (parte 40). O resultado indica que a escória tem um índice de inchamento livre de zero e mostra que a escória é um material do tipo não inchado. Uma vez que o tamanho das partículas de argila presentes na escória é insignificante. O índice de dilatação livre do solo é obtido como 13,2%. Uma vez que o índice de dilatação livre é inferior a 50%, o solo de Powai é também um material de tipo pouco dilatável, pelo que ambos são adequados para a construção de camadas de pavimento. As imagens do ensaio de inchamento livre do solo de Powai e da escória são apresentadas nas Figuras 3.3 e 3.4, respetivamente

 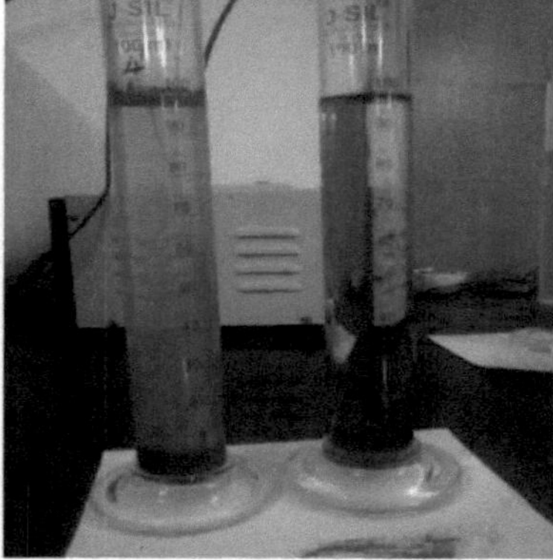

Figura 3.3 Ensaio do índice de inchamento livre do solo **Figura 3.4** Ensaio do índice de inchamento livre da escória de aço

3.3.3 Análise granulométrica (IS 2720-4 (1985))

A distribuição granulométrica indica se um material é bem graduado, mal graduado, fino ou grosseiro e serve para classificar o material. A análise granulométrica (análise granulométrica fina, análise granulométrica grosseira) e a análise hidrométrica foram efectuadas para traçar a curva de distribuição granulométrica da escória de aço e do solo. A imagem dos grãos de escória de aço é mostrada na Figura 3.5. A imagem da análise hidrométrica é apresentada na Figura 3.6. A curva de distribuição granulométrica das escórias de aço e do solo é apresentada na Figura 3.7

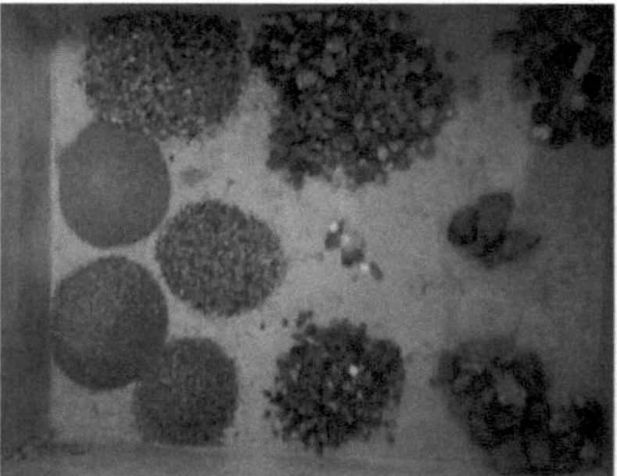

Figura 3.5 Imagem dos grãos de escória de aço **Figura 3.6** Imagem da análise do hidrómetro

A escória de aço aqui utilizada é predominantemente material siltoso e tem uma pequena fração de areia. A partir da curva de gradação da escória de aço, o coeficiente de curvatura Cc é 1,04, o coeficiente de uniformidade é (Cu) 1,5, D_{10} (mm) = 0,020, D_{30} (mm) = 0,025, D_{60} (mm) = 0,030. Cascalho =6,1% areia =7,74% silte=75,165% argila =10,5% do resultado a escória de aço é classificada como solo siltoso. A partir da curva de gradação do solo, Cc é 3, Cu é 5, D_{10} (mm) = 0,006, D_{30} (mm) = 0,030, D_{60} (mm) = 0,050 cascalho = 4,698%, areia = 26,54%, silte = 57,76% argila = 11%. A partir do resultado, o solo é classificado como areia siltosa

3.3.4 Gravidade específica (código Is 2720 -3-1 (1980))

A gravidade específica é uma das propriedades importantes utilizadas na análise geotécnica. Neste caso, o ensaio de gravidade específica foi efectuado de acordo com a norma IS 2720 (parte 3). Em geral, a gravidade específica das escórias de aço varia entre 2,9 e 3,5. Neste caso, a gravidade específica da escória é de 3,106. O elevado valor da gravidade específica deve-se à presença de metais pesados como o ferro (fe). Devido a este elevado valor da gravidade específica, este material pode ser utilizado como material de estabilização do solo e também pode ser utilizado em aplicações de pavimentação. A gravidade específica do solo local é obtida como 2,39 em comparação com a escória de aço.

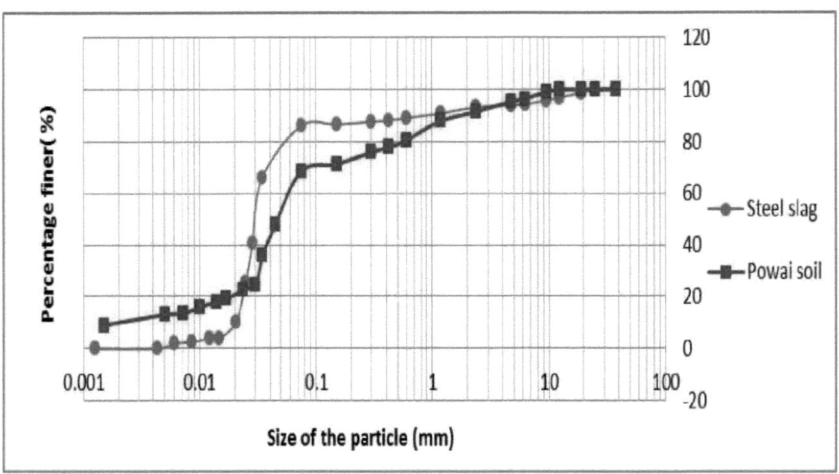

Figura 3.7 Curva de distribuição do tamanho do ganho

3.3.5 Propriedades do índice IS 2720-1987 (parte 5)

As propriedades de índice são amplamente utilizadas na prática da engenharia geotécnica. O limite líquido, o limite plástico e o limite de retração são determinados de acordo com o método IS:2720 (parte 5). No presente trabalho, o solo tem um limite líquido = 41%, um limite plástico = 28,32% e um limite de retração = 25,4%. A escória é considerada um material não plástico. A Figura 3.8 mostra o gráfico do número de golpes vs. teor de água para a determinação do limite de liquidez. A partir da análise da plasticidade, o solo pode ser classificado como areia siltosa com plasticidade intermédia (MI). As escórias são classificadas como material siltoso de baixa plasticidade (ML)

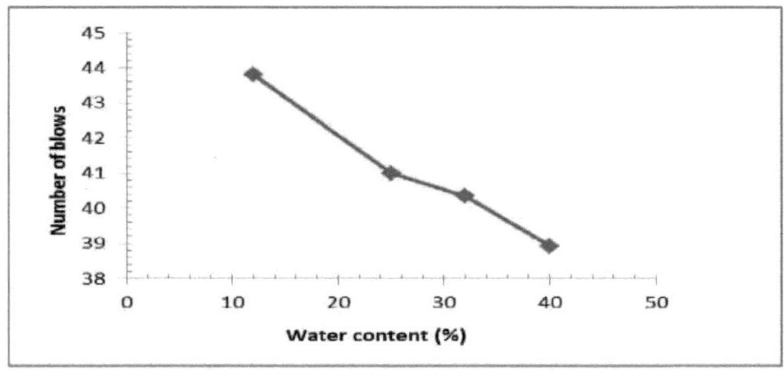

Figura 3.8 Número de golpes vs. teor de água para determinação do limite de líquido

3.3.6 Características de compactação IS: 2720 (Parte 7) -1980

O ensaio de compactação proctor padrão foi efectuado de acordo com a IS:2720 (Parte 7). A curva de compactação da escória de aço e do solo é mostrada na figura. A partir da Figura 3.9, verifica-se que a densidade seca máxima da escória de aço é de 1,965 kN/m³ e a do solo é de 1,54 k N/m³ e os teores de humidade ideais correspondentes são de 13% e 22%, respetivamente, a densidade elevada da escória deve-se à gravidade específica elevada da escória de aço e à presença de fração grosseira presente na escória de aço.

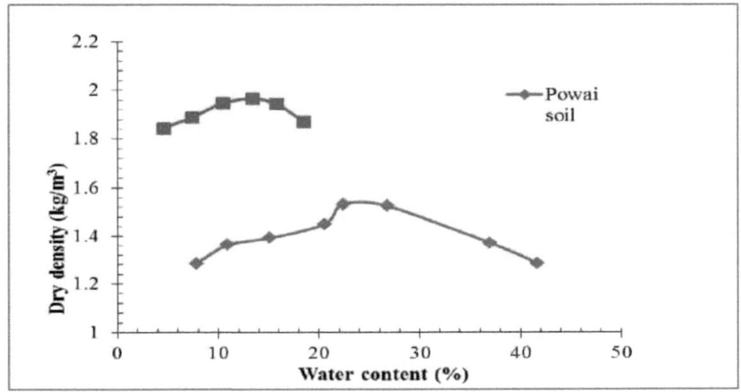

Figura 3.9 Curva de compactação do solo e da escória

3.3.7 **Permeabilidade IS: 2720 (Parte I7) -1986**

A permeabilidade foi efectuada com base no método da cabeça descendente. Este ensaio é utilizado principalmente para solos de grão fino. O ensaio de permeabilidade foi efectuado em amostras de solo remoldado e de escória à densidade seca máxima. O coeficiente de permeabilidade foi determinado como $1,035 \times 10^{-5}$ m/s para a escória de aço. E $1,533 \times 10^{-9}$ m/s para o solo. O valor mais elevado da permeabilidade das escórias de aço indica a propriedade de drenagem livre do material, o que implica uma potencial utilização para enchimento de aterros, sub-base e material de sub-base granular.

3.3.8 **California Bearing Ratio (CBR) (IS: 2720 (Part 16)-1979)**

As amostras de solo compactado foram preparadas no molde padrão CBR à densidade seca máxima e ao teor de humidade ótimo. A amostra é colocada no molde CBR em 3 camadas e soprada. O CBR foi determinado através da realização de um ensaio de carga-penetração nas amostras não embebidas e embebidas. Para o ensaio em condições de embebição, a placa de base e 4,5 kg de massas foram colocados em cima do solo compactado dentro do molde, e todo o aparelho foi imerso em água no tanque de embebição. A placa e o colarinho do molde foram retirados, mas mantendo-se o peso da sobrecarga. O aparelho foi colocado sob o pistão de penetração do dispositivo de carregamento. O dispositivo de carga foi inicializado e a carga a cada 0,25 mm de deformação foi registada até se atingir 10 mm de deformação. O provete foi então retirado do dispositivo de carga e uma pequena porção da amostra foi recolhida para a determinação do teor de humidade do provete após o ensaio de CBR. A Figura 3.10 mostra o aparelho de ensaio de CBR. A Figura 3.11 mostra a imersão da amostra de CBR.

Figura 3.10: Aparelho de ensaio CBR **Figura 3.11**: Imagens embebidas da amostra CBR

O ensaio embebido e não embebido foi efectuado tanto no solo como na escória de aço do espécime. . O valor médio do CBR não embebido da escória de aço é de 7,5 e o do solo é de 8. O valor médio do CBR embebido da escória de aço é de 28,2 e o do solo é de 6,35. Um valor mais elevado de CBR indica uma maior resistência. O CBR embebido das escórias de aço é cerca de 3 vezes superior ao valor não embebido, o que indica a presença de carbonato de cálcio nas escórias de aço. O CBR embebido da escória de aço é 4 vezes superior ao CBR embebido do solo, o que indica uma maior resistência da escória de aço. O gráfico do CBR embebido tanto da escória de aço como do solo é apresentado na Figura 3.12 (a) O gráfico do CBR não embebido é apresentado na Figura 3.12 (b)

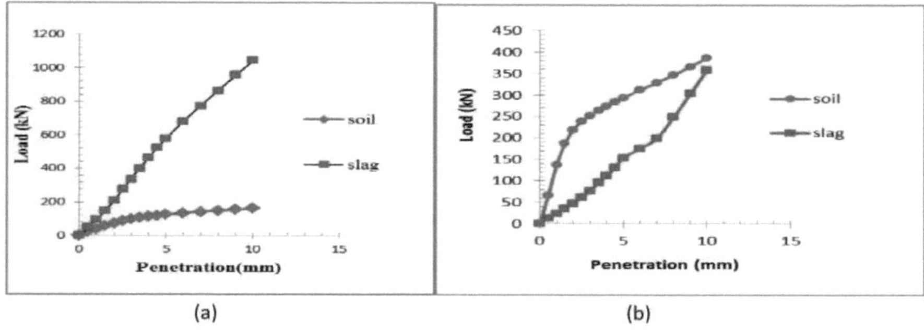

(a)   (b)

Figura 3.12 Curva carga-penetração de (a) CBR embebido de solo e escória (b) CBR não embebido de solo e escória

3.3.9 Ensaio de compressão não confinada (ensaio UCS) (IS: 2720 (Parte 10)-1973)

O ensaio de compressão não confinada foi efectuado utilizando um espécime com 38 mm de diâmetro e 76 mm de comprimento. A amostra foi preparada com uma densidade seca máxima e um teor de humidade ótimo. A taxa de deformação é aplicada à taxa de 1,5 mm/min na máquina de carregamento. A Figura 3.20 mostra o aparelho do ensaio UCS. A resistência à compressão não confinada foi efectuada numa amostra de solo. A amostra é preparada e mantida durante 7 dias de cura para determinar a resistência à compressão não confinada. O valor UCS do solo é de 51 kPa para a amostra não curada e de 53 kPa para a amostra curada. A imagem da rotura da amostra UCS é apresentada na Figura 3.13. A Figura 3.14 mostra a curva tensão-deformação da amostra de solo UCS.

Figura 3.13 Aparelho de ensaio de resistência à compressão não confinada **Figura 3.14** Imagem de rotura da amostra UCS (solo)

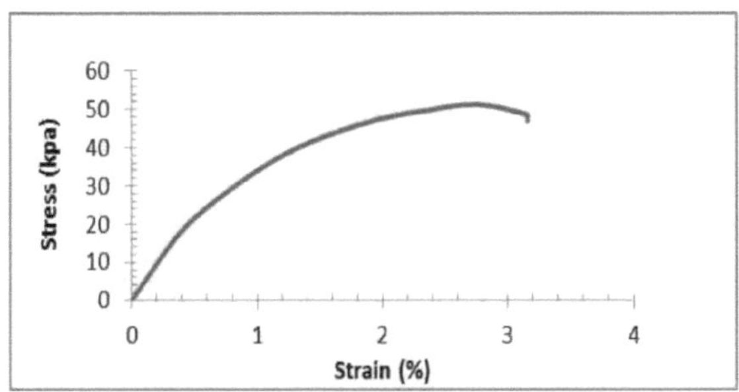

Figura 3.15: Gráfico de tensão vs. deformação da amostra de solo UCS

3.3.10 Ensaio de cisalhamento direto (IS: 2720 (Parte 133-1986)

As amostras foram preparadas a uma densidade seca máxima, colocadas na caixa de corte em 3 camadas, sujeitas a uma quantidade controlada de compactação com um martelo manual. Depois disso, o espécime foi montado de forma correcta e verificaram-se todos os ajustes do relógio comparador. Em seguida, é aplicada uma tensão normal através de uma carga normal. Tomou-se o deslocamento vertical e horizontal e provou-se a carga de cisalhamento correspondente ao anel. Os dados foram analisados e traçadas curvas de tensão de cisalhamento vs. deformação axial e horizontal. Com base nos resultados, traça-se o círculo de Mohr e descobre-se a coesão e o ângulo de atrito a partir do círculo de Mohr. As Figuras 3.16 (a) e (b) mostram o diagrama tensão de corte vs. tensão normal do solo e da escória de aço, respetivamente. Os valores de coesão e de atrito interno para as escórias de aço e o solo são 51,43 e 0,9291, 34,62 e 17,16, respetivamente. O elevado valor de fricção indica um elevado valor de resistência das escórias. Por conseguinte, pode ser utilizada como material de enchimento de aterros. As Figuras 3.17 e 3.18 mostram a variação da tensão de corte com a deformação sob diferentes condições de tensão normal do solo e das escórias, respetivamente.

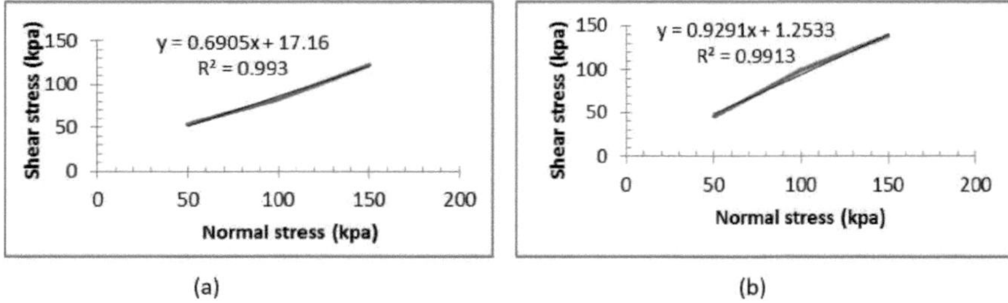

Figura 3.16 Diagrama tensão de corte vs. tensão normal de (a) solo Powai (b) escória de aço

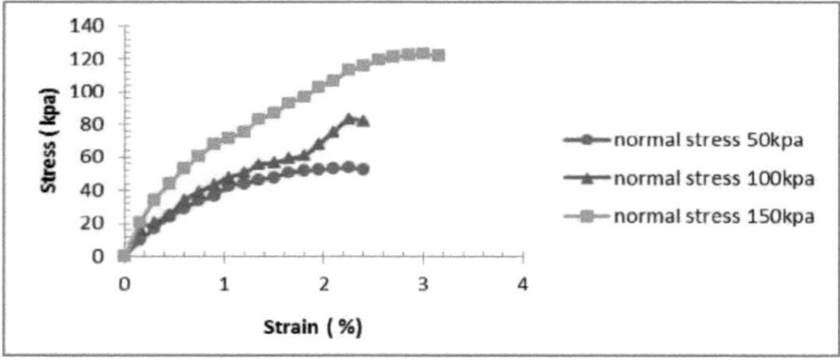

Figura 3.17 Diagrama tensão-deformação do solo com diferentes tensões normais

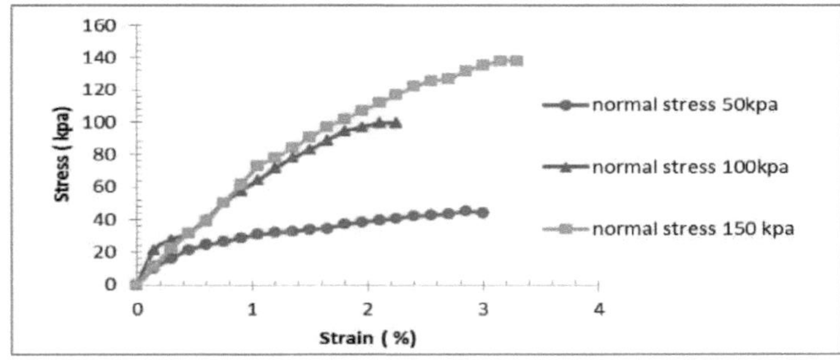

Figura 3.18 Diagrama tensão-deformação da escória com diferentes tensões normais

3.3.11 Ensaio de determinação do teor orgânico

O teor orgânico foi determinado com base no teste de perda por ignição. Foi recolhida uma amostra de solo de tamanho mais fino e mantida na estufa a 105^0 c durante 24 horas. Depois disso, foi mantida num exsicador para arrefecimento e pesada. Em seguida, a amostra é colocada numa mufla a 375^0 c durante 16 horas. Depois de arrefecer num exsicador, mede-se o peso. O teor orgânico foi calculado utilizando as fórmulas abaixo indicadas.

Percentage of organic matter $= \dfrac{pre\ igintion\ weght - post\ ingition\ weght}{pre\ ignition\ weght} X100$

Os resultados mostram que o conteúdo orgânico das escórias de aço é de 0,66% e o do solo é de 3%. Isto implica uma quantidade muito reduzida de matéria orgânica presente no material. Por isso, não tem qualquer efeito sobre as propriedades características destes materiais.

3.3.12 Microscópio eletrónico de varrimento

O microscópio eletrónico de varrimento (MEV) é um tipo de microscópio eletrónico que capta imagens das superfícies das amostras através do seu varrimento com um feixe de electrões de alta energia. Os electrões interagem com os átomos que constituem a amostra, produzindo sinais que contêm informações sobre a topografia da superfície da amostra, a sua composição e outras propriedades, como a condutividade eléctrica, a morfologia, etc. As Figuras 3.19, 3.20 e 3.21 mostram imagens SEM de solo, escória e cimento, respetivamente. Nas imagens da escória e do solo, são visíveis asperezas e arestas distintas. A forma da estrutura sólida varia de subarredondada a subangular. A partir da imagem, a textura da superfície do material também é visível no caso do cimento, sendo também visível alguma estrutura de tipo escamoso, o que indica a presença de gesso no cimento.

Figura3.19 Imagem SEM do solo **Figura 3.20** Imagem SEM da escória **Figura 3.21** Imagem SEM do cimento

3.3.13 Ensaio de difração de raios X

As técnicas de dispersão de raios X são uma família de técnicas analíticas não destrutivas que revelam informações sobre a estrutura cristalográfica, a composição química e as propriedades físicas dos materiais. A amostra é irradiada com um feixe de raios X monocromáticos quando a equação de Bragg é satisfeita. Os espectros resultantes são característicos da composição química e da fase. As aplicações típicas dos ensaios de difração de raios X são a determinação da composição mineralógica do solo, a avaliação de catalisadores, a análise de núcleos de reservatórios, polímeros e compósitos. O ensaio de difração de raios X foi realizado em escórias de aço e solos para descobrir os principais minerais presentes nesses solos. Os diagramas XRD destes materiais são apresentados nas Figuras 3.22 e 3.23 para o solo e a escória, respetivamente Os minerais obtidos através da análise dos dados XRD são tabulados nas Tabelas

1.1.1 A partir desse resultado, verifica-se que o mineral Portlandate é predominante nas escórias de aço. E o mineral Albite é predominante no solo.

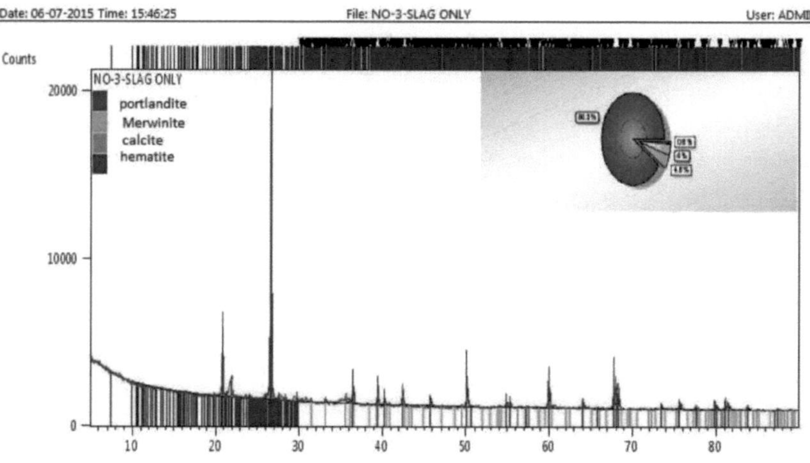

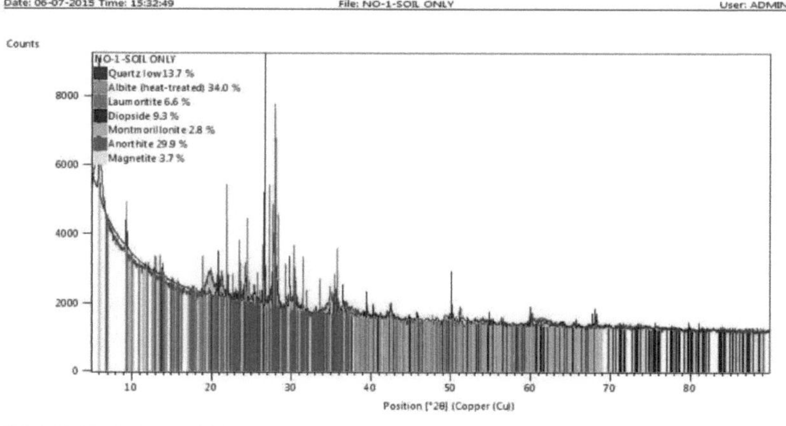

Figura 3.23 Diagrama de difração de raios X do solo

Quadro 3.1 Minerais presentes no solo e nas escórias de aço

Mineral	Formula	Soil	Steel slag
Albite	$NaAlSiO_3$	Major	ND
Quartz	SiO_2	Major	Probable
Anorthite	$CaAl_2Si_2O_8$	Major	ND
Diopside	$CaMgSi_2O_6$	Major	ND
Portlandite	$Ca(OH)_2$	ND	Major
Merwinite	$Ca_3Mg(SiO_4)_4$	ND	Major
Calcite	$CaCO_3$	ND	Minor
Hematite	Fe_2O4	ND	Minor
Laumontite	$CaAl_2Si_4O_{12} \cdot 4(H2O)$	Minor	ND
Magnetite	Fe_3O_4	Minor	Minor
Montmorilinate	$(Na,Ca)_{0.33}(Al,Mg)_2(Si_4O_{10})$	Minor	ND
Lime	CaO	ND	Minor
Wollastonite	$CaSiO_4$	ND	Minor
Larnite	Ca_2SiO_4	ND	Probable

3.3.14 Ensaio de fluorescência de raios X (XRF)

Trata-se de um teste não destrutivo utilizado para determinar a composição química de materiais como o solo, as rochas, etc. Funciona com base em princípios espectroscópicos dispersivos de comprimento de onda que são semelhantes aos de uma microssonda eletrónica. Neste ensaio, a análise e o rastreio dos elementos presentes no material geológico foram feitos através da interação com a radiação. É feita a excitação do eletrão com raios de alta energia e de comprimento de onda curto. A energia dos fotões emitidos durante cada excitação do elemento é uma caraterística da orbital específica de um determinado elemento. A energia dos fotões emitidos durante cada excitação do elemento é caraterística de uma transição entre orbitais electrónicas específicas de um determinado elemento, os raios X fluorescentes resultantes podem ser utilizados para detetar as abundâncias dos elementos presentes na amostra. Os compostos químicos obtidos para as escórias de aço e para o solo são apresentados na Tabela 3.2. Verificou-se que produtos químicos como o óxido de cálcio (CaO), o dióxido de silício (SiO_2) e o óxido de alumínio (Al_2O_3) são predominantes nas escórias de aço. A partir do teste de fluorescência de raios X, os químicos predominantes presentes no solo são o dióxido de silício (SiO_2), o óxido de alumínio (Al_2O_3) e o óxido de ferro (Fe_2O_3).

Tabela 3.2 Composição química do solo, escória de aciaria e cimento

Compound	Soil (%)	Steel slag (%)	Cement (%)
SiO_2	52.832	15.933	16.541
Al_2O_3	14.329	4.212	1.766
Fe_2O_3	5.896	0.475	0.475
CaO	2.086	5.625	47.586
MgO	1.286	2.120	7.049
TiO_2	2.205	1.607	0.012
Na_2O	1.188	0.175	0.175
P_2O_5	0.029	0.436	0.014
K_2O	0.369	.....	0.081
SO_3	.....	0.584	0.584
SO_4	.....	0.479	.....
BaO	.....	0.001	0.001
SrO	.....	0.033	0.033
MnO	0.137	15.985	0.034
Cr	0.050	.....	.....
Ni	0.007	.....	.....
Mg	1.286	.....	.....

3.3.15 Ensaio de espetrometria de massa com plasma indutivo (ICP-MS)

A espetrometria de massa com plasma indutivamente acoplado ou ICP-MS é uma técnica analítica utilizada para determinações elementares. Os laboratórios de análise geoquímica foram os primeiros a adotar a tecnologia ICP-MS devido às suas capacidades de deteção superiores, particularmente para os elementos de terras raras (REEs). O ICP-MS tem muitas vantagens sobre outras técnicas de análise elementar, como a absorção atómica e a espetrometria de emissão ótica, incluindo o espetroscópio de emissão atómica ICP. O teste ICP é realizado em amostras de escória de aço e os resultados do teste são tabulados na Tabela 3.3. A partir da tabela, ficou claro que a concentração de metal presente nesta escória não está no nível perigoso (valor dos limites perigosos adotado de James e Pinto 2006), pelo que pode ser utilizada para trabalhos de construção. Alguns estudos anteriores também (Hamilton et al. 2007, Mack e Gutta 2009) referiram que as escórias de aço não representam qualquer ameaça significativa para a saúde humana e o ambiente.

Tabela 3.3 Concentração de metais pesados na amostra de escória de aciaria

	Trial results (mg/kg)	Leaching limit values[1] (mg/kg)		
Metal	Steel slag	Inert	Non hazardous	Hazardous
Cr	0.875	0.5	10	70
As	ND	0.5	2	25
Pb	0.017	0.5	10	50
Hg	ND	0.01	1	5
Cd	0.0135	0.04	50	100
Cu	0.532	2	.2	2
Ni	0.382	.4	10	40
Zn	0.620	4	50	50

ND = Não detectado

1. valores-limite de lixiviação de acordo com a Decisão 2003/33/CE do Conselho que estabelece os critérios e processos de admissão de resíduos em aterros (L/S = 10 l/kg; lixiviados extraídos de acordo com a norma DIN 38414 S4).

3.4 Propriedades da nano-sílica

As propriedades da nano-sílica foram recolhidas junto da khan industrial consultant. Essas propriedades estão tabuladas no quadro 3.4, apresentado de seguida

Tabela 3.4 Propriedades da nano-sílica (fonte: Dr. Khan industries)

Properties	Values
Solid silica (% wt.)	39-40
Color	Transparent white
Density	1.295-1.300 kg/ltr
PH	9-9.5
Viscosity	Less than 10 cps

Capítulo 4
Investigações experimentais

4.1 Geral

A construção de aterros rodoviários em solos de fundação macia, como as argilas marinhas, tem sido sempre um grande problema devido à fraca capacidade de carga e ao assentamento excessivo. Nesta situação, existem duas soluções principais. A primeira é um método de estabilização do solo, melhorando as propriedades do solo de fundação, e a segunda é uma redução da pressão de sobrecarga da estrutura sobre a fundação. A partir da literatura, verifica-se que podem ser utilizados diferentes materiais para a estabilização do solo, incluindo cimento, nano materiais, resíduos, etc. O objetivo do presente estudo é a utilização de escórias de aço de forma eficaz para obter resistência adicional para satisfazer as especificações da camada de cimento do pavimento, sendo também adicionado nano material na mistura estabilizada de solo e escórias.

4.2 Propriedades das amostras estabilizadas mecanicamente.

Com base na investigação geotécnica, verificou-se que a escória é um material menos coesivo, com valores elevados de ângulo de atrito interno e elevada gravidade específica, podendo esta propriedade da escória de aço ser utilizada para a estabilização do solo. Neste estudo, foram utilizadas diferentes percentagens de escória, de 20% a 70%, para melhorar as propriedades geotécnicas do solo disponível localmente. Foram realizados diferentes ensaios geotécnicos, incluindo o ensaio do limite de Atterberg, o ensaio de compactação proctor, o ensaio de cisalhamento direto e o ensaio da relação de suporte Califórnia. O quadro 4.1 apresenta as diferentes misturas, juntamente com as respectivas designações. "S" significa escória de aço e "P" refere-se ao solo de Powai.

Tabela 4.1 Tabela de designação das várias misturas utilizadas neste estudo

Mix designation	Mixes	Mix designation	Mixes
S	100% slag	S4P	40% slag
P	100% soil	S5P	50% slag
S2P	20% slag	S6P	60% slag
S3P	30% slag	S7P	70% slag

4.2.1 Propriedades do índice.

As características de plasticidade das diferentes misturas foram determinadas através da realização do ensaio do limite de Atterberg. Os ensaios de limite líquido foram efectuados utilizando o aparelho Casagrande. A partir dos ensaios de limite plástico, as misturas, 30% de solo com 70% de escória e 20% de solo com 80% de escória, foram consideradas não plásticas, enquanto as restantes misturas adquiriram propriedades plásticas. A Figura 4.1 mostra a variação dos limites de Atterberg com o teor de escória. A Tabela 4.2 define as características de plasticidade de cada mistura. Pode observar-se que tanto o limite líquido como o limite plástico diminuem com o aumento do teor de escória. Isto pode ser atribuído à menor capacidade de retenção de humidade das escórias. A mistura de solo e escória é um material do tipo não inchado, com menor afinidade com a água. Por conseguinte, pode ser utilizada para a construção de camadas de pavimento, assegurando bons serviços de drenagem (Ali Aiban 2006, Havanagi et al. 2012, Sinha 2015).

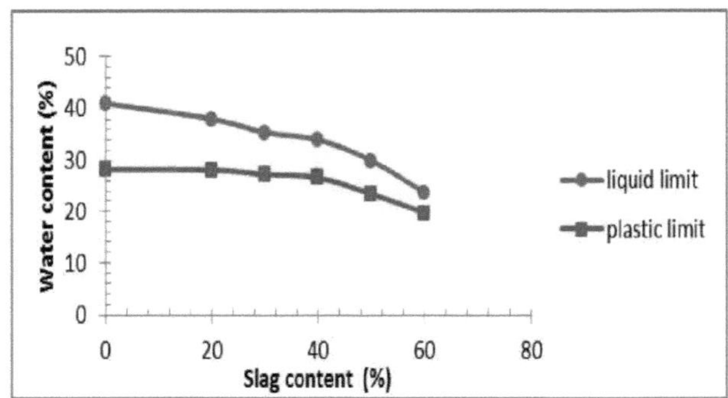

Figura 4.1: Variação do limite de Atterberg com o teor de escória

Quadro 4.2 Características de plasticidade de cada mistura

Mix designation	Liquid limit	Plastic limit	Plasticity index
P	41	28.324	12.66
S2P	38	28.16	9.84
S3P	35.4	27.325	8.075
S4P	34	26.68	7.32
S5P	30	23.48	6.52
S6P	23.75	19.67	4.08
S7P	-	-	-
S	-	-	-

4.2.2 Características de compactação

O ensaio de compactação proctor padrão é efectuado em várias misturas de escórias de aço e solo. O valor da densidade seca máxima (MDD) aumenta com o aumento da percentagem de escória e o teor de humidade ótimo (OMC) diminui com o aumento do teor de escória. A densidade seca da mistura varia de 1,54 kg/m³ a 1,965 kg/m³ . A curva de compactação de diferentes misturas de solo de escória é apresentada na Figura 4.2. O gráfico que mostra a variação da densidade seca com a percentagem variável de escória é apresentado na Figura 4.3. A Figura 4.4 mostra a variação do teor de humidade ótimo e a percentagem de escória. O MDD e o OMC estão tabelados na Tabela 4.3. Isso pode ser atribuído à alta gravidade específica, ao alto ângulo de atrito e à menor coesão da escória. A adição de teor de escória na mistura de solo e escória é sempre acompanhada por uma redução do teor de finura da mistura e, consequentemente, a capacidade de retenção de água da mistura diminui. Akinwumi et al. (2013) apresentaram uma explicação semelhante para a redução da capacidade de retenção de água de uma mistura devido à redução do teor de finura.

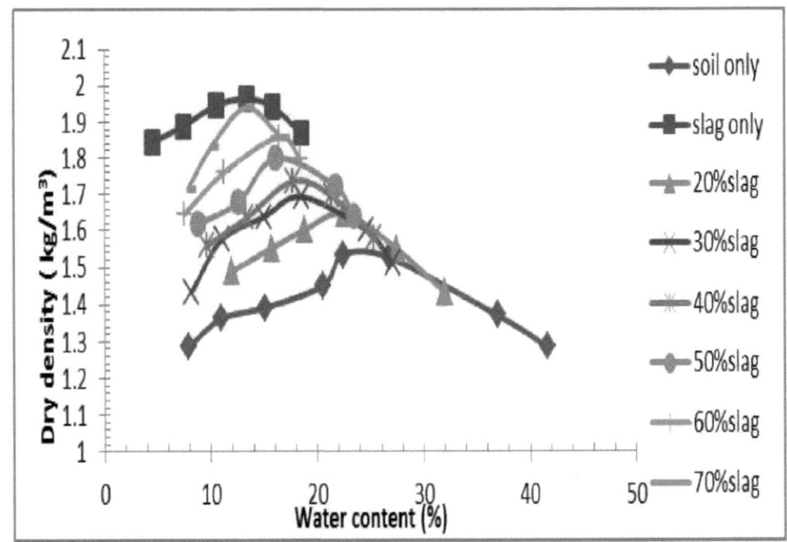

Figura 4.2 Curva de compactação de diferentes misturas estabilizadas

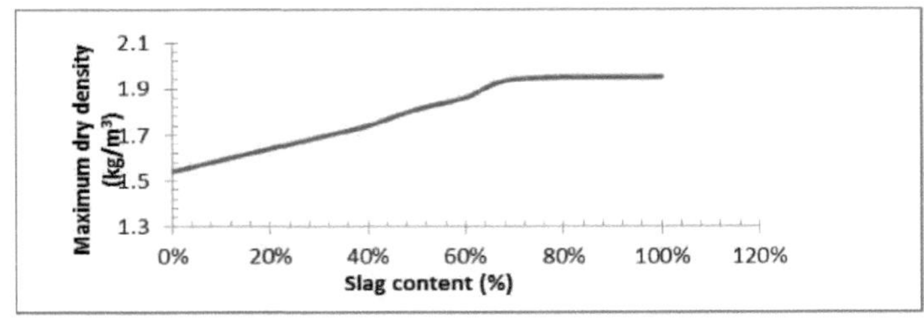

Figura 4.3 Variação da densidade seca máxima com a percentagem de escória

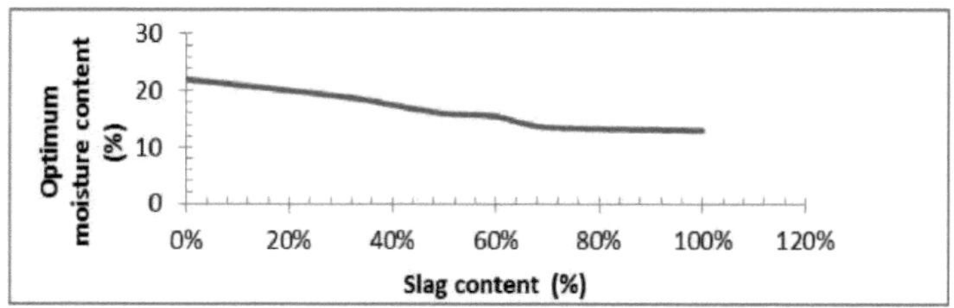

Figura 4.4 Variação do teor de humidade ótimo com a percentagem de escória

4. 2.3 Ensaio do rácio de suporte Califórnia (CBR)

Foram efectuados ensaios do coeficiente de capacidade de carga de Califórnia em diferentes misturas de solo e escória. As figuras 4.5 e 4.6 mostram o CBR não embebido e embebido, respetivamente, com percentagens variáveis de teor de escória. O CBR embebido fornece um valor de CBR mais elevado em comparação com o CBR não embebido. Este facto pode ser atribuído à presença de carbonato de cálcio, cal e silicatos na mistura. Na presença de água, ou seja, na condição de embebição, o carbonato de cálcio acrescenta propriedades cimentícias à escória. O fenómeno de hidratação durante a imersão resultou na formação de um gel de hidrato de cálcio e sílica que aumentou a resistência da mistura. Também se pode observar a partir das figuras que tanto os valores CBR da mistura não embebida como embebida aumentaram com a adição de teor de escória até 30%, devido à boa ligação entre o solo e a escória. Com o aumento do teor de escória de 30% para 60%, os valores de CBR diminuíram, devido à falta de ligação adequada entre as partículas devido ao elevado teor de escória. No entanto, com o aumento do teor de escória para além dos 60%, os valores do CBR voltaram a aumentar, o que se deve à mobilização do atrito e à reação pozolânica na mistura. A Tabela 4.3 define os valores de CBR embebido e não embebido de diferentes misturas de solo e escória.

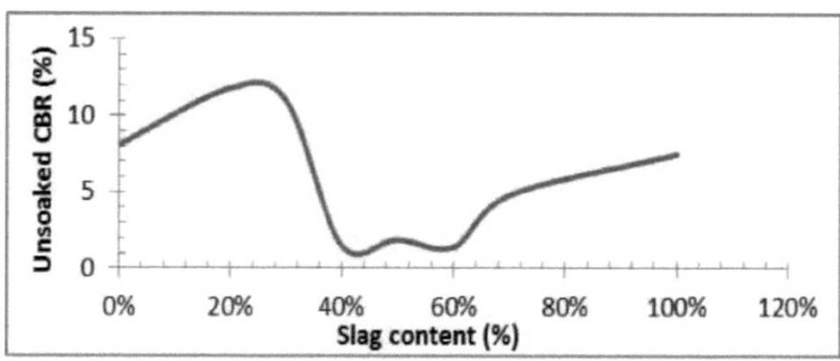

Figura 4.5 Valor do CBR não cozido versus percentagem de escória

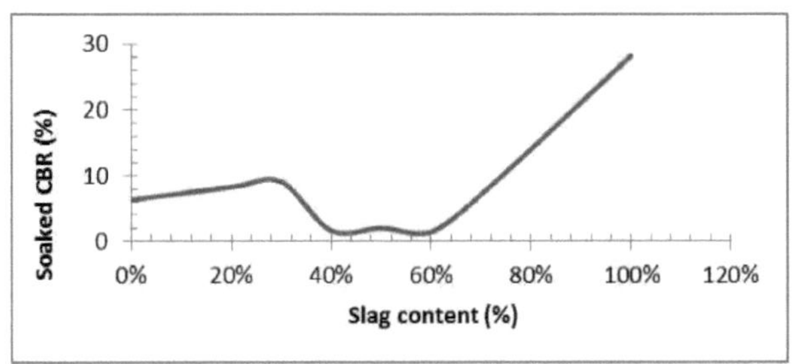

Figura 4.6 Valor CBR embebido versus percentagem de escória de aço

Tabela 4.3 Propriedades do solo estabilizado mecanicamente

Type of mix	MDD (kg/m^3)	OMC (%)	CBR Value unsoaked	CBR value soaked
P	1.54	22	8	6.35
S2P	1.65	21	11.8	8.3
S3P	1.7	19	10.9	9.1
S4P	1.74	17.5	1.5	1.6
S5P	1.81	16	1.89	1.99
S6P	1.86	15.5	1.36	1.42
S7P	1.94	13.5	4.76	7.1
S	1.96	13	7.5	28.2

4.2.4 Ensaio de cisalhamento direto

Foram realizados ensaios de cisalhamento direto em amostras de mistura de escória e solo com o seu teor de humidade ótimo e com a densidade seca máxima atingida. Os resultados dos ensaios definiram o ângulo de fricção entre 34^0 e 51^0 e o valor de coesão correspondente entre 17,16 kPa e 0,92 kPa. A escória foi considerada um material não coesivo com um valor elevado de ângulo de atrito, o que indica a adequação das misturas de escória de aço e solo para a construção de camadas de aterro e pavimento (Havangi et al. 2012). Os resultados dos ensaios de cisalhamento direto em misturas de solo de escória estabilizadas mecanicamente são apresentados na Tabela 4.4. A variação da tensão de cisalhamento em relação à deformação de cisalhamento de diferentes misturas (S2P a S7P) é apresentada em 4.7, 4.8, 4.9, 4.10, 4.11 e 4.12, respetivamente. O diagrama de tensão normal versus tensão de corte de diferentes misturas (S2P a S7P) é apresentado nas Figuras 4.13, 4.14, 4.15, 4.16, 4.17 e 4.18, respetivamente.

Tabela 4.4 Propriedades de resistência ao cisalhamento da mistura de solo estabilizado mecanicamente e escória de aço

Type of mix	Friction angle (°)	Cohesion (kPa)	Type of mix	Friction angle (°)	Cohesion (kPa)
P	34.62	17.16	S5P	45	4.67
S2P	39.68	14.49	S6P	47.53	4.36
S3P	42.69	8.31	S7P	48.43	1.32
S4P	44	7.83	P	51.41	0.92

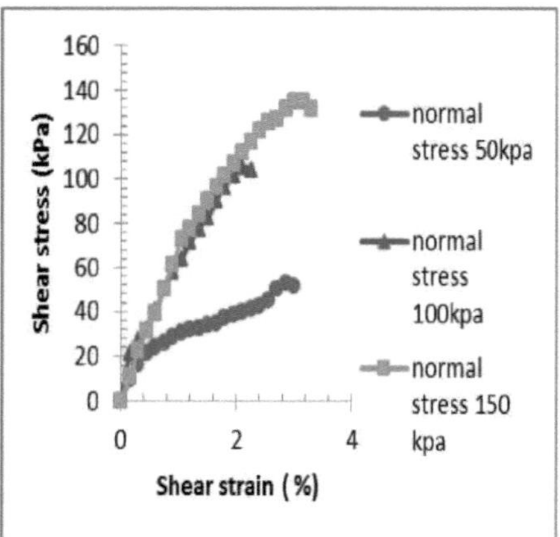

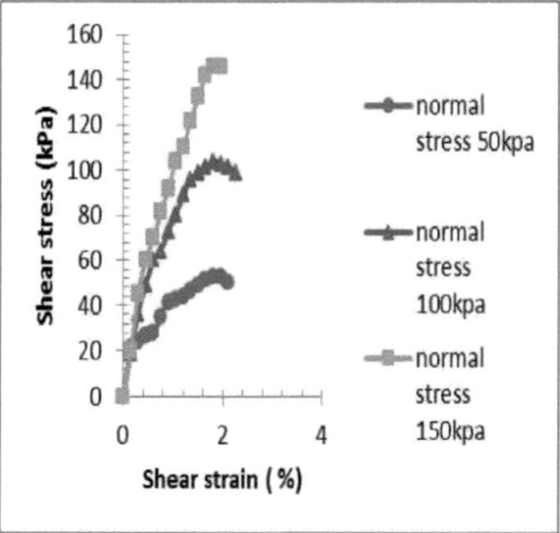

Figura 4.7 Curva tensão-deformação para a amostra S2P **Figura 4.8** Curva tensão-deformação para a amostra S3P

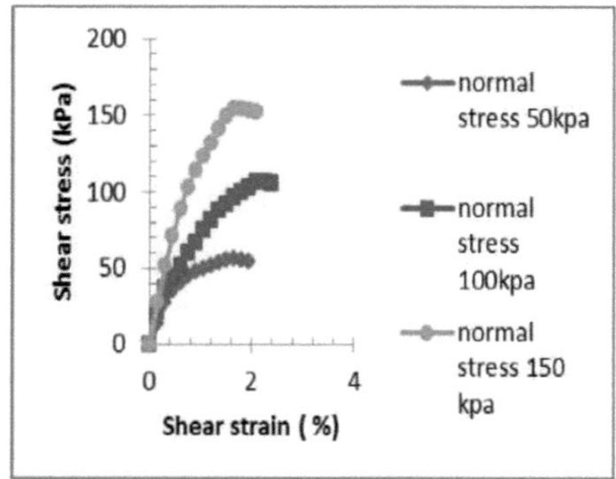

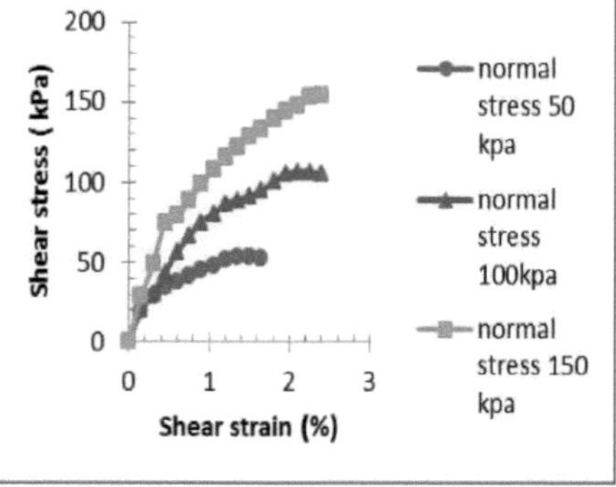

Figura 4.9 Curva tensão-deformação para a amostra S4P **Figura 4.10** Curva tensão-deformação para a amostra S5P

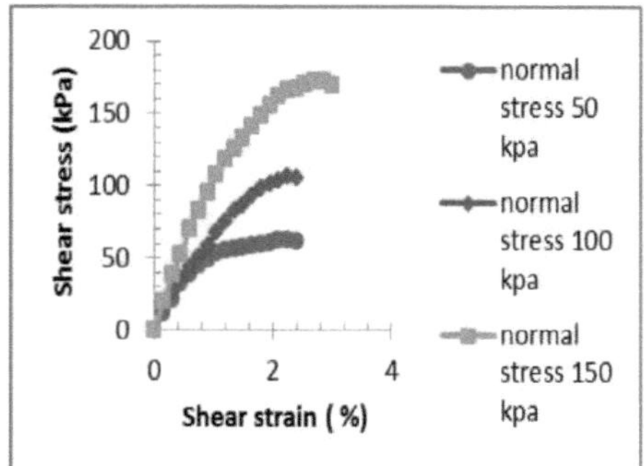

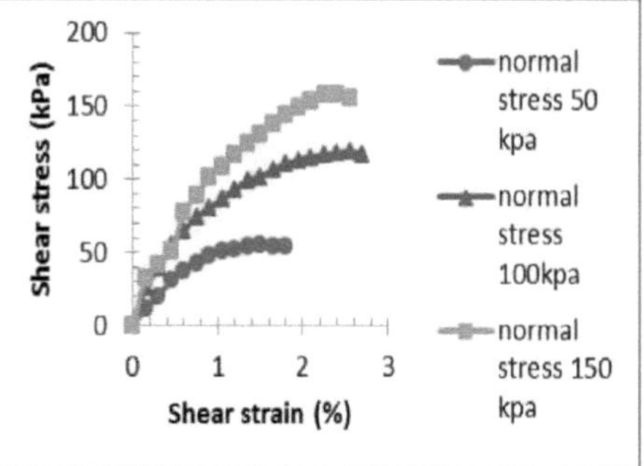

Figura 4.11 Curva tensão-deformação para a amostra S6P **Figura 4.12** Curva tensão-deformação para a amostra S7P

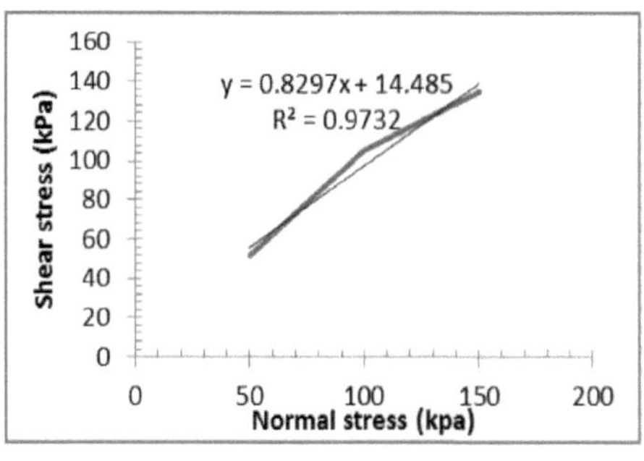

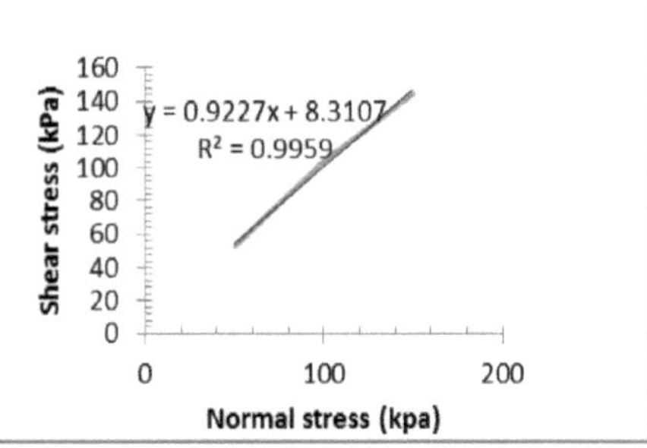

Figura 4.13 Curva tensão de corte vs. tensão normal para a amostra S2P **Figura 4.14** Curva tensão de corte vs. tensão normal para a amostra S3P

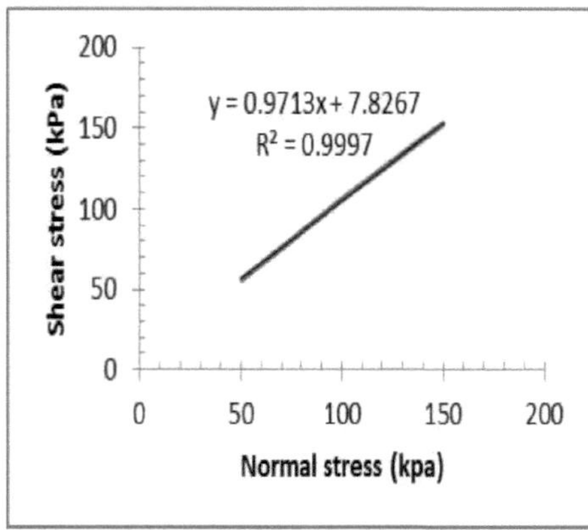

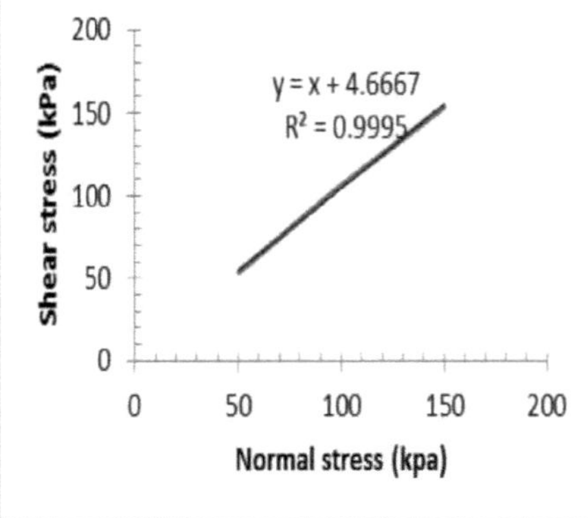

Figura 4.15 Curva tensão de corte vs. tensão normal para a amostra S3P **Figura 4.16** Curva tensão de corte vs. tensão normal para a amostra S4P

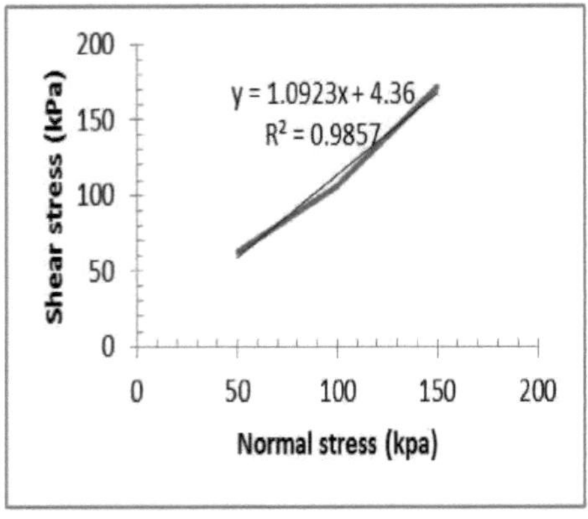

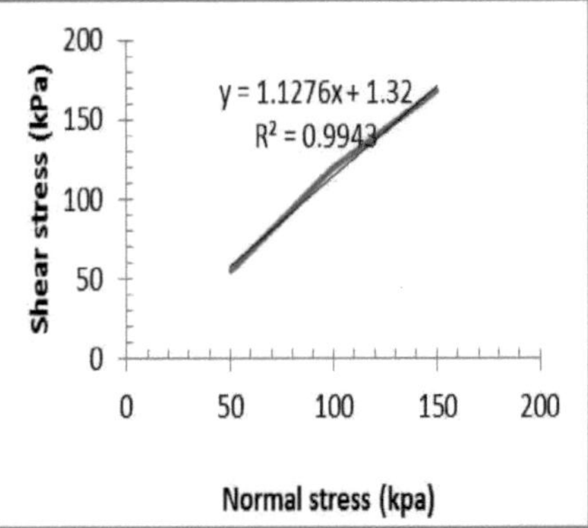

Figura 4.17 Curva tensão de corte vs. tensão normal para a amostra S4P **Figura 4.18** Curva tensão de corte vs. tensão normal para a amostra S5P

4.2.5 Propriedades da mistura óptima

A partir da análise da mistura estabilizada mecanicamente, o S3P é selecionado como uma mistura óptima para a construção de camadas de pavimento, como a sub-base, e o S3P e o S7P podem ser utilizados como uma mistura óptima para a construção de aterros. Um dos objectivos do estudo é ultilizar o material residual de uma forma eficaz para o caso da construção de aterros, sendo a mistura S7P a mistura adequada. Para outras aplicações, como a sub-base e a camada de base, é necessário satisfazer critérios de resistência à compressão não confinada suficientes para que seja utilizado o processo de estabilização química. As propriedades da mistura S3P, tais como a permeabilidade, são de $1,6914*10^{-8}$ e a resistência à compressão não confinada é de 245 kPa.

4.3 Propriedades da mistura quimicamente estabilizada

Para obter uma resistência à compressão não confinada suficiente, que é o principal critério para satisfazer a camada de pavimento, são utilizados diferentes agentes químicos para misturar com a mistura mecanicamente estabilizada. Os materiais químicos utilizados neste estudo são o cimento Portland normal e o nano material (nano silicato aquoso). A partir das diferentes misturas utilizadas na análise anterior, o S3P é encontrado como a percentagem óptima. E a estabilização química é efectuada nesta percentagem óptima.

4.4 Estabilização com cimento

O cimento Portland normal é utilizado nesta experiência. As amostras estabilizadas quimicamente com as várias percentagens de cimento que variam entre 4% e 10% são utilizadas nestes testes. Diferentes testes geotécnicos, tais como o teste de compactação proctor, o teste de resistência à compressão não confinada e o teste CBR, são efectuados de acordo com as especificações da norma indiana.

4.4.1 Ensaio de compactação Proctor

O ensaio de compactação proctor é efectuado na mistura S3P com uma percentagem variável de cimento entre 4% e 10%. Observou-se que existe apenas uma pequena variação na densidade seca máxima (MDD) e no teor de humidade ótimo (OMC). A MDD e o OMC variam de 1,7 kg/m^3 a 1,85 kg/m^3 e de 19 a 16,5, respetivamente. A Tabela 4.5 abaixo mostra o valor MDD e OMC de diferentes misturas. A Figura 4.19 mostra uma curva de compactação da mistura estabilizada com diferentes teores de cimento. A adição de cal ou cimento ao solo geralmente diminui a densidade seca da mistura compactada devido à floculação e agregação das partículas do solo, resultando no aumento dos vazios da mistura. No entanto, no presente caso, não se observou tal comportamento. Pode concluir-se que o cimento adicionado à mistura de escórias do solo é totalmente utilizado para a hidratação da reação do cimento em vez de reacções como a troca de bases, a agregação e a floculação. Além disso, com a adição de cimento, preencheu os espaços vazios na mistura escória-solo, o que resultou no aumento da densidade seca.

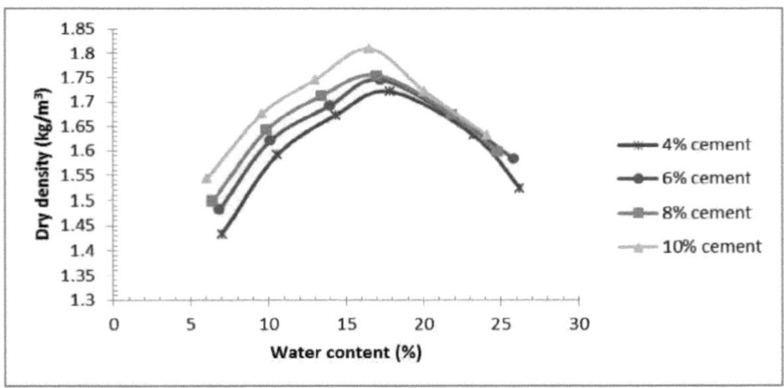

Figura 4.19 Curva de compactação do solo estabilizado com cimento

Tabela 4.5 MDD e OMC da mistura estabilizada com cimento.

Mix	MDD (kg/m^3)	OMC (%)
30%slag+0%cement	1.7	19
30%slag+4%cement	1.74	17.8
30%slag+6%cement	1.78	17.2
30%slag+8%cement	1.81	17
30%slag+10%cement	1.85	16.5

MDD = Densidade seca máxima; OMC = Teor de humidade ótimo

4.4.2 Ensaio de resistência à compressão não confinada (UCS)

Os ensaios de resistência à compressão não confinada (UCS) foram efectuados em misturas estabilizadas com cimento com um teor de cimento que varia entre 4% e 10% após uma cura de 7 dias. Figura 4.20 Imagem de falha de diferentes amostras estabilizadas com cimento. A Figura 4.21 mostra a variação do valor UCS com a percentagem variável do teor de cimento nas misturas. O valor UCS aumentou com o aumento do teor de cimento na mistura. Isto pode ser atribuído à reação pozolânica entre os hidretos de cálcio libertados durante a hidratação da alumina do solo e a sílica presente na mistura (Potgieter e Kaspar 1999). De acordo com a especificação MORTH (2001), o valor mínimo de UCS necessário para a sub-base é de 700 kPa e o da camada de base é de 1717 kPa. A partir dos resultados dos ensaios apresentados no Quadro 4.6, o valor UCS da mistura estabilizada de escória e solo com 4% de cimento é de 930 kPa, o que é superior a 700 kPa. Além disso, o valor UCS da mistura com 10% de cimento é de 1750 kPa, que é superior a 1717 kPa. Assim, as misturas de escórias e solo estabilizadas com um teor de cimento adequado podem funcionar como material de construção adequado para as camadas de sub-base e base de pavimentos rodoviários.

Figura 4.20 Imagem de rotura do ensaio UCS com diferentes percentagens de cimento

Tabela 4.6 Valores de UCS e CBR da mistura estabilizada com cimento

Mix	UCS (kPa)	Strain of failure %	CBR un soaked (%)	CBR soaked (%)
S3P (30%slag)	245	2.98	11.9	9.14
30% slag+4% cement	930	3.15	9.8	36.4
30% slag +6% cement	1300	3.16	10.9	98.8
30% slag+ 8% cement	1350	3.34	11.3	120
30% slag+10% cement	1750	3.35	11.89	152

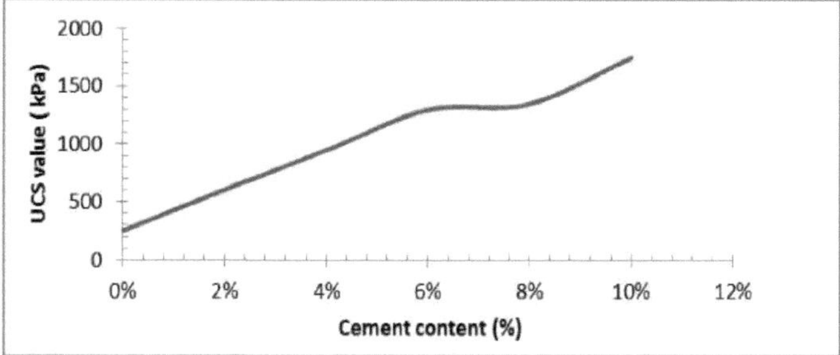

Figura 4.21 Variação da UCS com as percentagens do teor de cimento (7 dias de cura)

4.4.3 Ensaio do rácio de suporte da Califórnia

A partir dos ensaios de CBR, verificou-se que as misturas de solo de escórias estabilizadas com cimento apresentaram um valor CBR mais elevado com o aumento do teor de cimento na mistura. A Figura 4.22 ilustra a variação do CBR das misturas com diferentes teores de cimento. A reação química entre o cimento adicionado e a água presente na mistura (hidratação do cimento) resultou na formação de gel de hidratos de silicato (C-S-H) que preencheu os espaços vazios na mistura e manteve as partículas juntas. Com o aumento do teor de cimento, a quantidade de formação de gel aumentou, melhorando assim a ligação das partículas na mistura. O resultado foi o aumento da resistência da massa que acompanha o aumento do valor CBR das misturas. A Tabela 4.6 apresenta os resultados pormenorizados dos ensaios de CBR. Os valores de CBR das misturas satisfazem os critérios da especificação MORTH para trabalhos de R&B (2001) para sub-base, sub-base e camada de base de pavimentos rodoviários

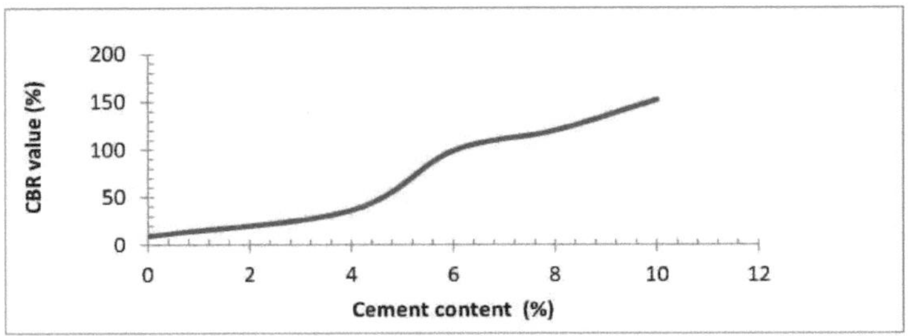

Figura 4.22 Variação do CBR embebido com a percentagem do teor de cimento

4.5 Estabilização com nano materiais

A mistura S3P, ou seja, 30% de escória de aço misturada com 70% de solo Powai, foi ainda estabilizada com a adição de nano-sílica em percentagens variáveis, entre 2% e 6%. A percentagem de escória de aço manteve-se sempre em 30% nas misturas. A percentagem de solo variou entre 68% e 64% com a adição de nano-sílica à mistura

4.5.1 Ensaio de compactação Proctor

Os ensaios de compactação proctor foram efectuados na mistura S3P estabilizada pela adição de nanossílica em percentagens variáveis entre 2% e 6%. A Figura 4.23 mostra as curvas de densidade seca - teor de humidade para diferentes teores de nano-sílica em ensaios de compactação. A partir dos resultados dos ensaios, foram observadas pequenas variações na densidade seca máxima e no teor de humidade ótimo das diferentes misturas. A densidade seca máxima alcançada de diferentes misturas, conforme relatado na Tabela 4.7, situa-se na faixa de 1,7 kg/m^3 a 1,8 kg/m^3 com os correspondentes teores de humidade óptimos (OMC) na faixa de 19% a 17,65%. As partículas nanométricas preencheram os espaços vazios da mistura, além de proporcionarem uma ligação adequada entre as partículas do solo, aumentando assim a densidade e reduzindo a capacidade de retenção de humidade da mistura estabilizada.

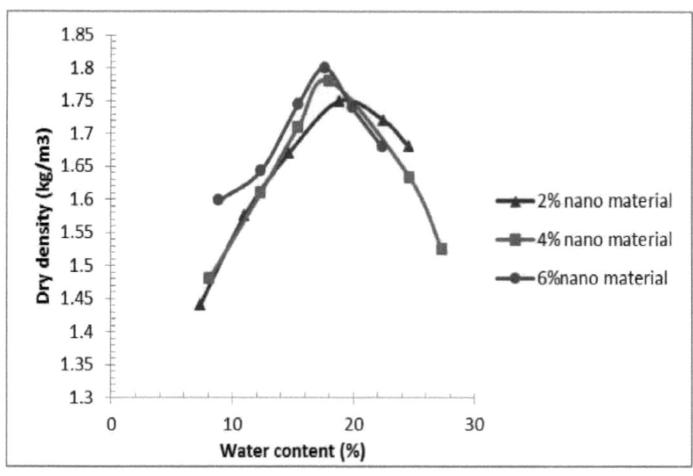

Figura 4.23 Variação da curva de compactação com o nano material

Tabela 4.7 MDD e OMC da mistura nano-estabilizada

Mix	MDD (kg/m^3)	OMC %
30% slag+0% nano material	1.70	19
30% slag+2% nano material	1.75	18.8
30% slag+4% nano material	1.78	18.0
30% slag+6% nano material	1.80	17.6

4.5.2 Ensaio de resistência à compressão não confinada (UCS)

Os ensaios de resistência à compressão não confinada (UCS) foram efectuados nas misturas de solo de escória nanoestabilizada após a cura durante 7 dias e 28 dias. A Figura 4.24 mostra a variação do valor UCS com percentagens variáveis de nano-sílica nas misturas. É evidente que o valor UCS aumentou até um teor de nanossílica de 2% e depois diminuiu com a adição de uma percentagem de nanossílica. Assim, pode inferir-se que a adição de 2% ou menos de nano material tem uma melhor influência na resistência da mistura. Isto pode ser atribuído à reação nano-z das partículas de nano-sílica. Considerando os valores de resistência de 28 dias e 7 dias de cura, o valor de resistência aos 28 dias de cura é comparativamente mais elevado. Este facto pode ser atribuído ao endurecimento da resistência na presença de nano-sílica durante o período de cura. A mesma tendência foi observada também para as amostras após 28 dias de cura, ou seja, o valor UCS aumentou até 2% de teor de nano e depois diminuiu com a adição adicional de nano material. A Tabela 4.8 apresenta os valores de resistência à compressão não confinada de diferentes misturas após 7 dias e 28 dias de cura

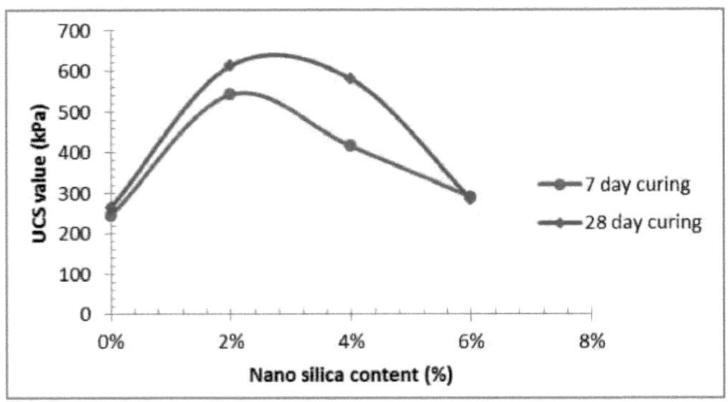

Figura 4.24 Variação da UCS com a percentagem de nanomaterial

Tabela 4.8 UCS e valor CBR com diferentes percentagens de nanomateriais

Mix	UCS (kPa) (7day curing)	Failure strain (%) (7day curing)	UCS (kPa) (28day curing)	Failure strain (%) (28day curing)	CBR un soaked (%)	CBR soaked (%)
S3P (30%slag)	245	2.98	265	2.72	11.9	9.14
30%slag+2%nano material	542	2.76	613	3.19	9.8	10.2
30%slag+4%nano material	415	2.7	580	2.17	6.8	7.2
30%slag+6%nano material	290	2..36	285	1.18	5.9	6.4

4.5.3 Ensaio do rácio de suporte da Califórnia

Os resultados do ensaio C.B.R. estão resumidos na Tabela 4.8. Pode observar-se que o valor do CBR não embebido diminuiu com o aumento do teor de nanomateriais. O valor do CBR embebido aumentou ligeiramente com a adição de 2% de nanomaterial à mistura S3P, embora com a adição de mais nanomaterial, o valor do CBR embebido também tenha diminuído. Com uma menor concentração de nanomaterial, a nanossílica, com a ajuda de moléculas de água, estabelece uma ligação com os silicatos presentes na mistura (reação nano-z), ao passo que o aumento da concentração de nanossílica conduz a uma ligação mais fraca. Esta ligação a uma concentração mais baixa de nano torna a mistura mais densa (Ogwu et al. 2013), pelo que o valor CBR da mistura aumentou com a adição de 2% de nano-sílica.

4.6 Estabilização química utilizando nano materiais e cimento

Estudo experimental efectuado numa mistura de 30% de escória de aço e solo, utilizando uma combinação de cimento e nanomateriais, em que a percentagem de cimento se manteve constante (4%) e variou a percentagem de nanomateriais de 2% a 6% e determinou a resistência à compressão não confinada e o valor CBR de cada mistura.

4.6.1 Ensaio de compactação Proctor

A Figura 4.25 mostra a variação das características de compactação das misturas com diferentes percentagens de nano-sílica a um teor de cimento constante (4%). Pode ser observada uma pequena variação na densidade seca máxima (MDD) e no teor de humidade ótimo (OMC) das diferentes misturas. A Tabela 13 também apresenta os valores de MDD e OMC de diferentes misturas com percentagens variáveis de nano material a um teor de cimento de 4%. O aumento da densidade pode ser atribuído ao preenchimento de espaços vazios nas misturas por partículas de cimento e nano-sílica.

Tabela 4.9 MDD e valor OMC de diferentes percentagens de nano material com 4% de cimento

Mix	MDD (kg/m³)	OMC %
S3P	1.70	19
S3P+4% cement	1.74	17.8
S3P+2% nano material+4% cement	1.78	17.0
S3P+4% nano material+4% cement	1.80	16.6
S3P+6% nano material+4% cement	1.82	16.0

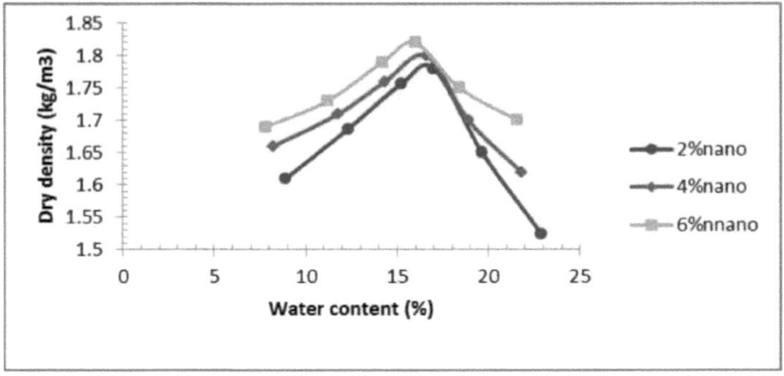

Figura 4.25 Variação das características de compactação com diferentes percentagens de nano-sílica a cimento constante

4.6.2 Ensaio de resistência à compressão não confinada (UCS)

Os ensaios de compressão não confinada foram efectuados em misturas estabilizadas com nano-sílica e cimento após 7 dias de cura. A Figura 4.26 ilustra a variação do valor UCS com percentagens variáveis de teor de nano-sílica na presença de 4% de cimento. O mesmo padrão observado com a adição de nano-sílica apenas foi também observado na presença de 4% de cimento. O valor UCS das misturas aumentou até ao teor de 2% de nano-sílica e, depois, o valor UCS diminuiu com a adição de nano-sílica. Assim, pode inferir-se que o teor de 2% ou menos de nano-sílica tem uma maior influência na resistência das misturas. Os valores de resistência à compressão não confinada de diferentes misturas estabilizadas com nanocimento são apresentados na Tabela 4.10 Os valores de UCS indicam a sua viabilidade para utilização em camadas de sub-base e base de pavimentos rodoviários.

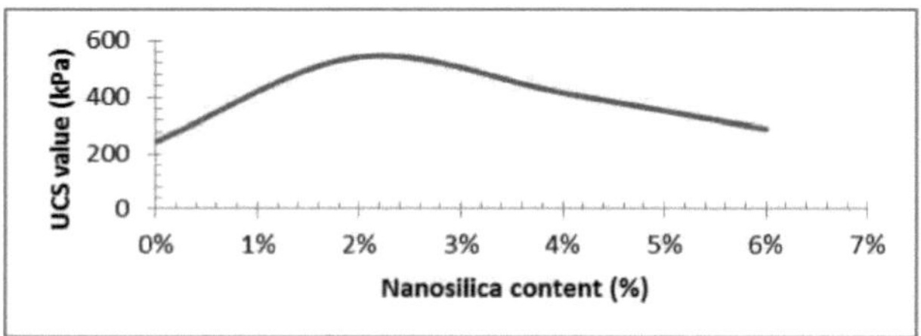

Figura 4.26 Variação da UCS com a percentagem de material Nan com 4% de cimento constante

conteúdo

Tabela 4.10 UCS e valor CBR da mistura estabilizada com cimento e nano.

Mix	UCS (kPa) (7 days curing)	CBR unsoaked (%)	CBR soaked (%)
30% slag + 0% nano silica +4% cement	930	9.8	36.4
30% slag + 2% nano silica + 4% cement	1736	7.15	41.8
30% slag + 4% nano silica + 4% cement	1049	6.0	36
30% slag + 6% nano silica + 4% cement	664	5.5	24

4.6.3 Ensaios do rácio de suporte Califórnia em misturas estabilizadas com nano-cimento

Os resultados dos ensaios de CBR em misturas estabilizadas com nanocimento estão resumidos na Tabela 4.10. Pode observar-se que o valor do CBR não embebido diminui com o aumento do teor de nanomateriais a um teor de cimento constante. No entanto, verifica-se um ligeiro aumento no valor do CBR embebido com 2% de mistura de nanomateriais e, posteriormente, o valor do CBR embebido também diminui com o aumento da percentagem de nanomateriais. A mistura escória estabilizada - solo com 4% de cimento e 2% de nanomateriais apresenta um CBR de 41,8%.

4.7 Discussões

Com base na investigação experimental sobre a mistura estabilizada de solo e escória de aço. A adequação de diferentes misturas para várias camadas de estruturas de pavimento foi analisada de acordo com as especificações do Ministério das Estradas e Transportes.

4.7.1 Adequação das misturas de solos de escórias para a construção de estradas

Os resultados da investigação laboratorial detalhada foram analisados para chegar a conclusões sobre a adequação da mistura de escória de aço estabilizada para construções de pavimentos rodoviários, tais como aterro, sub-base, sub-base e camada de base.

4.7.2 Como camada de aterro

A partir dos ensaios de cisalhamento direto, verificou-se que a escória de aciaria é um material com menor coesão. Através de ensaios de plasticidade, CBR e UCS, verificou-se que as escórias têm características de não plasticidade, CBR elevado e resistência ao cisalhamento elevada. Assim, o material tem potencial para a construção de aterros. As misturas de escórias, S3P (30% de escória de aço e 70% de solo Powai) e S7P (70% de escória de aço com 30% de solo Powai) atingiram a densidade seca máxima de 1,7 kg/m^3 e 1,94 kg/m^3 respetivamente, enquanto as restantes misturas atingiram uma densidade seca intermédia. De acordo com os critérios de MORTH (2001), todas estas misturas têm potencial para serem utilizadas como material de construção de aterros. S3P e S7P, com CBR de 9,1% e 7,1%, respetivamente, adquiriram um ângulo de atrito interno elevado, 42^0 e 48^0 , respetivamente. Assim, estes materiais podem ser utilizados como materiais de enchimento de aterros. Critérios semelhantes foram também seguidos por Havanagi et al. (2006, 2012) e Sinha et al. (2015).

4.7.3 Como camada de sub-base

De acordo com a especificação MORTH (2001), o critério mínimo de densidade para a sub-base varia entre 1,65 kg/m^3 e 1,75 kg/m^3 . Este critério é bem satisfeito por todas as misturas de escória e solo e, por conseguinte, são adequadas para a construção de subleitos. Havangi et al. (2012) também referiram o mesmo método para a escolha do material de subleito. Das diferentes misturas deste estudo, a mistura S3P obteve um bom valor de CBR com uma permeabilidade de 1,69 x 10^{-6} m/seg e uma resistência à compressão não confinada de 245 kPa.

4.7.4 Como subcamada de base

De acordo com a especificação MORTH (2001), a resistência à compressão não confinada necessária para o material da sub-base é de 700 kPa. Neste estudo, as misturas de solo de escória estabilizado com cimento (teor de cimento entre 4% e 10%) satisfizeram os critérios. As misturas também adquiriram bons valores do rácio de suporte Califórnia, entre 39% e 152%. Assim, as misturas estabilizadas com cimento podem ser adequadas como material de sub-base para a construção de pavimentos rodoviários. Alguns estudos anteriores (Sinha 2015, Singh et al. 2007, Shahu et al. 2013) também relataram a adequação do solo estabilizado com cimento como material de sub-base.

4.7.5 Como camada de base

De acordo com a especificação MORTH (2001), a resistência mínima à compressão não confinada necessária para o material da camada de base é de 1717 kPa. No presente estudo, a mistura de escória-solo estabilizada com cimento (30% de escória + 10% de cimento) e a mistura de escória-solo estabilizada com cimento e nanossílica (30% de escória + 4% de cimento + 2% de nanossílica) satisfizeram os critérios de resistência para a construção da camada de base. Alguns investigadores anteriores (Sinha 2015, Singh et al. 2007, Shahu et al. 2013) também registaram critérios de resistência semelhantes para a camada de base.

4.8 Resumo

As escórias de aço são um material de coesão reduzida, com características não plásticas, não dilatáveis e de elevada resistência ao cisalhamento, pelo que têm potencial para a construção de aterros. A densidade seca máxima das escórias de aço é superior à do solo e o teor de humidade ótimo das escórias é inferior ao do solo. Um aumento do teor de escória de aço na mistura resulta num aumento da densidade seca máxima e numa diminuição do teor de humidade ótimo. O rácio de suporte californiano das escórias de aço é superior ao do solo de Powai. O CBR embebido das escórias de aço é quatro vezes superior ao CBR não embebido das escórias devido à presença de material cimentício nas escórias. Com o aumento da percentagem de escória de aço na mistura, o valor do CBR das misturas aumentou até um teor de escória de 30% e, com o aumento do teor de escória, o valor do CBR diminuiu até um teor de escória de 60%, embora, para além desse teor, o valor do CBR da mistura tenha aumentado novamente. É encontrada uma relação linear entre as características de fricção das misturas com diferentes teores de escórias de aço. Um aumento do teor de escória na mistura resulta num aumento do ângulo de atrito, bem como numa diminuição do valor de coesão da mistura. Devido à natureza não plástica da escória, um aumento da percentagem de escória de aço na mistura provoca a redução da plasticidade da mistura, melhorando assim a trabalhabilidade e a capacidade de retenção de humidade

Capítulo 5
Modelação por elementos finitos do aterro da autoestrada utilizando Plaxis 3D

5.1 Geral

O método dos elementos finitos é uma ferramenta eficaz e eficiente para a modelação numérica da interação solo-estrutura. Este método também pode ser utilizado para a análise da estabilidade de várias estruturas de terra, como aterros, barragens, muros de contenção, etc. Neste estudo, a modelação numérica do aterro de uma autoestrada foi efectuada utilizando o software PLAXIS 3D baseado em elementos finitos. O objetivo deste estudo é analisar a adequação de diferentes materiais de aterro para um tipo diferente de aterro. Os materiais utilizados neste estudo são: mistura de solo e escória de aço, material de enchimento natural, mistura de solo e escória de cobre, geo-espuma de poliestireno expandido (EPS) e geomaterial à base de poliestireno expandido com cinzas volantes (EPGM)

5.2 Modelação de elementos finitos pelo Plaxis 3D

O PLAXIS 3D é um software baseado em elementos finitos utilizado para analisar o comportamento tridimensional de estruturas geotécnicas e a sua estabilidade. Está equipado com funcionalidades para lidar com vários aspectos das estruturas geotécnicas e dos processos de construção utilizando procedimentos computacionais robustos e teoricamente sólidos. Neste software, a geometria do modelo, a interação solo-estrutura pode ser feita de forma fácil e eficiente. Este software é fornecido como um pacote alargado, incluindo deformação elastoplástica estática, modelos avançados de solos, análise de estabilidade, consolidação, análise de segurança, malha actualizada e fluxo de águas subterrâneas em estado estacionário. A geração automática de malhas no PLAXIS permite a geração automática de malhas de elementos finitos não estruturados com opções de refinamento global e local da malha. Elementos tetraédricos de 10 nós estão disponíveis no PLAXIS 3D para modelar as deformações e tensões no solo

O software é construído com vários modelos, nos presentes estudos são utilizados o modelo de Mohr-Coulomb, o modelo de solos moles e o modelo elástico linear. O modelo de Mohr-Coulomb é um modelo não linear robusto e simples, baseado em parâmetros do solo que são conhecidos na maioria das situações práticas. No entanto, nem todas as características não lineares do comportamento do solo estão incluídas neste modelo. O modelo de Mohr-Coulomb pode ser utilizado para calcular capacidades de suporte realistas e cargas de colapso de fundações, bem como outras aplicações em que o comportamento de rotura do solo desempenha um papel dominante. O modelo de solos moles é um modelo do tipo Cam-Clay, especialmente concebido para a compressão primária de solos argilosos quase normalmente consolidados. O modelo elástico linear baseia-se na lei de Hooke da elasticidade isotrópica. Envolve dois parâmetros básicos IE, o módulo de Young E e o rácio de Poisson.

A estabilidade a curto prazo do aterro foi estudada nesta análise em que os parâmetros do solo não drenado e a fase plástica são utilizados para o estudo do modelo e o cálculo da pressão dos poros foi efectuado utilizando o tipo freático. No método dos elementos finitos, a estabilidade foi determinada utilizando o método de redução da resistência. Numericamente, a falha ocorre quando já não é possível obter uma solução convergente. As equações de elementos finitos para a formulação tensão-deformação são, na sua essência, equações de equilíbrio e não sendo demasiado convergentes para uma única equação como o método de equilíbrio limite. A forma alternativa de definir a rotura é o ponto em que as deformações se tornam excessivas. Trata-se de um critério muito mais subjetivo do que o critério de não-convergência, mas que entra em jogo com o método de redução da resistência. A estabilidade da estrutura é expressa em termos do fator de redução da resistência (SRF) e é definida como

$$SRF = Tan(\phi^1) / Tan(\varphi f^1) = c^1 / cf^1$$

Onde, $0'_f$ e c'_f são os parâmetros de resistência à tensão efectiva na "falha", ou a resistência reduzida. A abordagem de redução da resistência utiliza geralmente o mesmo SRF para todos os materiais e para todos os parâmetros de resistência, de modo a que o fator de estabilidade se reduza a um número no final. Isto significa que c e 0 são reduzidos pelo mesmo fator.

5.3 Etapas utilizadas para a análise do modelo de aterro utilizando o Plaxis 3D

Os passos seguintes são seguidos para a análise do aterro. A análise tem cinco fases de cálculo: a primeira é uma fase inicial; a segunda é uma análise plástica; nesta fase, metade da altura do aterro foi activada; a terceira fase é também uma análise plástica em que a metade seguinte também foi activada. A quarta fase é a análise plástica, na qual foi activada a carga de sobrecarga. A última fase é a análise de segurança, na qual o fator de segurança foi calculado utilizando o método de redução da resistência.

Entrada

- > Definição de estratigrafia do solo
- > Definição de aterro
- Geração de malha
- Cálculos
  - > Fase inicial
  - > Análise plástica (construção de meia altura de aterro
  - > Análise plástica (construção da próxima meia altura do aterro)
  - > Análise plástica (Fase de carregamento)
  - > Fase de segurança
- Resultados
  - > Deformações
  - > Deslocações
  - > Fator de segurança

5.4 Vários casos considerados na análise de estabilidade

Para a estabilidade do talude de aterro para solo estabilizado com pó de pedreira e cimento, são analisados quatro casos

Caso 1: Modelação de um aterro feito com uma mistura de solo e escória de aço e material de enchimento natural sobre argila mole seguida de areia. A metade da parte do aterro foi modelada para analisar a estabilidade a curto prazo. O aterro com um declive de 1V:2H é utilizado nesta análise para uma altura que varia entre 4m e 6m e a rigidez elástica do geotêxtil varia entre 50 kN/m e 1500 kN/m.

Caso 2: Modelação de um aterro feito com mistura de solo e escória de cobre e mistura de solo e escória de aço em argila mole. A parte completa do aterro foi modelada para analisar a estabilidade a curto prazo. O aterro com um declive de 1V:2H é utilizado nesta análise para alturas que variam entre 3m e 5m. Estabilizado com geotêxtil de rigidez elástica variável de 50 kN/m a 1500 kN/m e geocélula de rigidez elástica variável de 50 kN/m a 1500 kN/m.

Caso 3: Modelação de um aterro feito com uma mistura de solo e escória de aço, geo-espuma EPS e EPGM sobre argila mole. A parte completa do aterro foi modelada para analisar a curto prazo

estabilidade. O aterro de inclinação 1V: 1H é utilizado nesta análise para alturas que variam de 4m-7m. Estabilizado com um geotêxtil de 500 kN/m

5.5 Caso 1: Modelo de aterro com mistura de solo e escória de aço e material de enchimento natural

A partir do estudo experimental sobre as misturas de solo e escória de aço, verificou-se que estas misturas têm as propriedades de material de enchimento de aterros. Neste estudo, a modelação numérica do aterro é efectuada utilizando uma mistura de escória de aço e solo (70% de escória de aço com 30% de solo) e material de enchimento natural sobre o subsolo mole. O solo de fundação é constituído por uma camada de argila, que assenta numa camada de areia. Foi efectuado um estudo comparativo de escórias de aço - solo e materiais de enchimento naturais como material de enchimento de aterros. O geotêxtil de diferentes rigidezes elásticas foi utilizado como material de estabilização do solo para identificar o geotêxtil mais adequado para a construção de aterros. A adequação destes materiais de aterro para diferentes alturas do aterro foi analisada com base em critérios de estabilidade e deslocamento.

5.5.1 Propriedades dos materiais

O estudo do aterro baseou-se em dois tipos de material de enchimento do aterro: um é uma mistura de solo e aço (70% de solo com 30% de escória) e o outro é um material de enchimento natural (Khan 2014). As propriedades do material de enchimento do aterro e do solo de fundação (Wulandari 2015) são apresentadas no Quadro 5.1. As propriedades do material do geotêxtil são apresentadas no Quadro 5.2.

Tabela 5.1 Propriedades do material de enchimento do aterro e do solo de fundação

Subsoil properties	Embankment fill material		Foundation soil		Unit
	Soil-steel slag mix	Natural fill	Clay	Sand	
Type of behavior	Drained	Drained	Undrained A	Drained	-
Unsaturated density (Υ_{unsat})	1.74	1.60	1.66	1.80	kg/m^3
Saturated density (Υ_{sat})	1.98	2.00	1.73	2.00	kg/m^3
Elastic modulus (E_{ref})	2800	3000	-	3000	kN/m^2
Poisson's ratio	0.27	0.3	-	.25	-
Cohesion	2	1	24	1	kN/m^2
Friction angle	48	30	1	30	Degree
Dialation angle	0	0	0	3	Degree
Lamda (λ)	-	-	.05	-	
Kappa (κ)	-	-	.01	-	
Material model	Mohr - Coulomb	Mohr-Coulomb	Soft Soil	Mohr-Coulomb	-

Quadro 5.2 Propriedades dos materiais do geotêxtil

Parameter	Name	Geotextile	Unit
Material model	Model	Elastic	-
Normal stiffness	EA	50-1500	kN/m

5.5.2 Interface

O elemento de interface foi considerado entre o material de aterro e o geotêxtil e o fator de redução da resistência (R t_{iner}) foi considerado. Na interface entre a mistura de escórias de aço e o geotêxtil, o fator R_{inter} foi assumido como 0,95, enquanto que na interface entre o material de enchimento normal e o geotêxtil foi assumido como 0,9, respetivamente. A interface argila-geotêxtil foi assumida como 0,85.

5.5.3 Modelo de elementos finitos

O aterro da autoestrada com uma largura de 8 metros e um declive lateral de 2:1 foi modelado utilizando o software Plaxis 3D baseado em elementos finitos. Como o aterro é simétrico em relação à linha central, foi modelada apenas metade do aterro. O diagrama esquemático do modelo de aterro é apresentado na Figura 5.1 Foi utilizada uma carga de sobrecarga nominal de 30 kN/m² para modelar a carga do tráfego. Foram modelados aterros de três alturas diferentes, entre 4 e 6 m. A estabilidade do aterro foi analisada com e sem geotêxtil de várias gamas de rigidez elástica de 50kN/m a 1500kN/m.

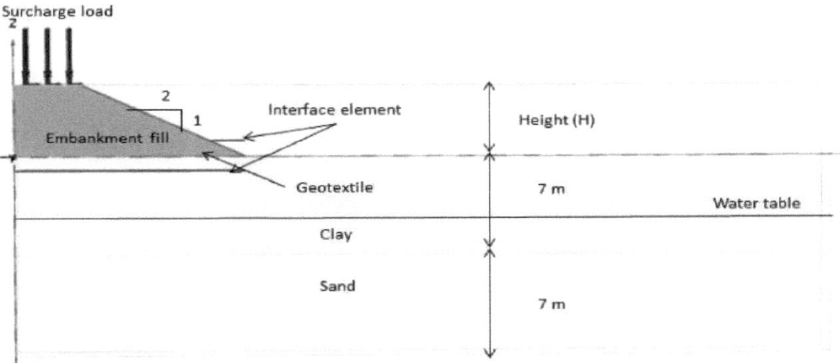

Figura 5.1: A figura esquemática do modelo de aterro

5.5.4 Mecanismo de estabilização do geotêxtil

O mecanismo de estabilização de aterros com geotêxteis é explicado por Jewell (1988). De acordo com Jewell, o reforço do aterro tem duas funções. A primeira função é opor-se ao empuxo lateral no aterro. Desta forma, reduz-se a tensão de cisalhamento adversa na fundação. A Figura 5.2 a mostra o aterro não reforçado A Figura 5.2 b mostra o aterro reforçado em que o empuxo lateral Pfill é apenas equilibrado pela força de reforço Prft, o carregamento do aterro é equivalente à base lisa. Quando a armadura Prft desempenha a segunda função, opondo-se à extrusão da fundação (Figura 5.2 c). Nesse caso, a carga do aterro é igual à da sapata rugosa. Deste modo, a capacidade de carga da estrutura aumenta

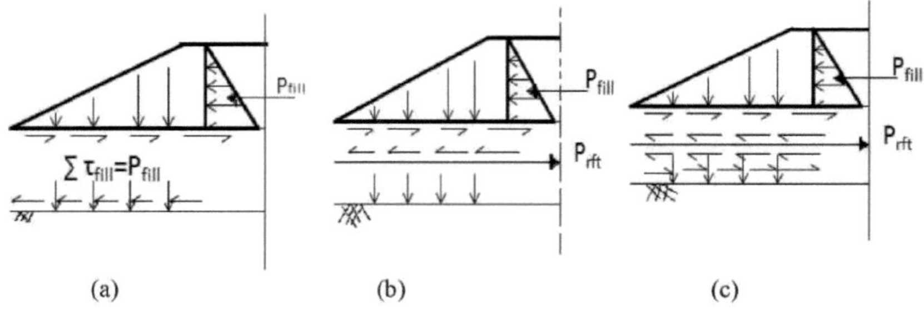

(a)   (b)   (c)

Figura 5.2 diagrama esquemático para ilustrar a ação de reforço (segundo Jewell , 1988)

Estes mecanismos sugeridos por Jewell são ilustrados por Kwok (1987) utilizando o método dos elementos finitos. Sugeriu que o método dos elementos finitos satisfaz as condições reais do terreno. Posteriormente, foram efectuadas várias investigações no domínio dos aterros reforçados em solos moles através do método dos elementos finitos (MEF).

5.5.5 Resultados

A estabilidade do aterro reforçado foi determinada com base no fator de segurança. Para determinar a estabilidade, foram utilizados geotêxteis de diferentes rigidezes até se atingir o fator de segurança pretendido. Geralmente, um valor de 1,5 para o fator de segurança em relação à resistência é aceitável para a conceção de um talude estável. A análise foi efectuada com diferentes alturas de aterro de 4 m, 5 m e 6 m. A malha deformada para o aterro de 4 m de altura é apresentada nas Figuras 5.3 e 5.4. A malha deformada do aterro de 5 m de altura é apresentada nas Figuras 5.5 e 5.6. A malha deformada do aterro de 6 m de altura é apresentada nas Figuras 5.7 e 5.8, respetivamente.

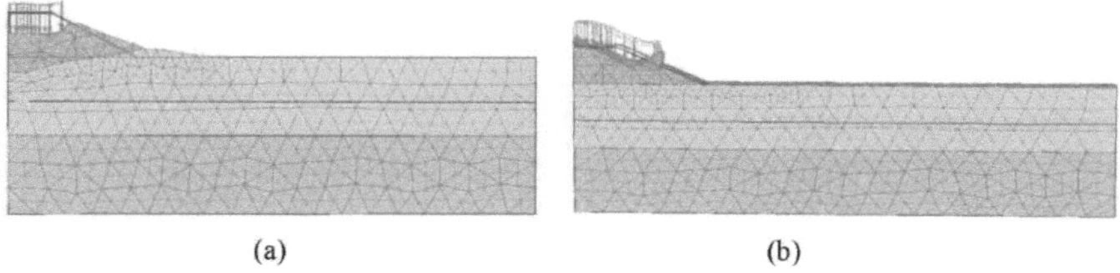

(a)   (b)

Figura 5.3 Malha deformada de um aterro de 4 m de altura com aterro natural a) sem geotêxtil b) com geotêxtil

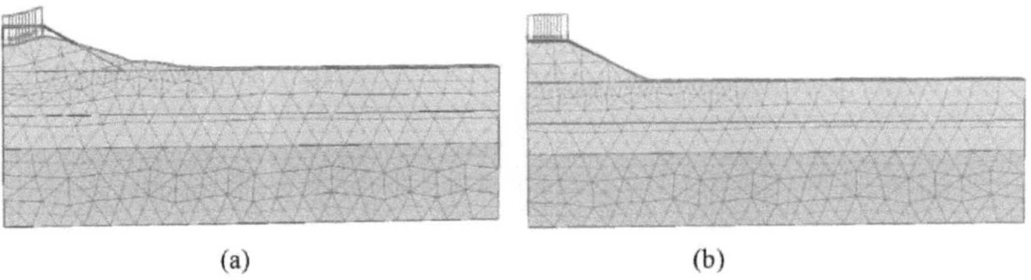

Figura 5.4 Malha deformada de um aterro de 4 m de altura com mistura de solo e escória de aço a) sem geotêxtil b) com geotêxtil

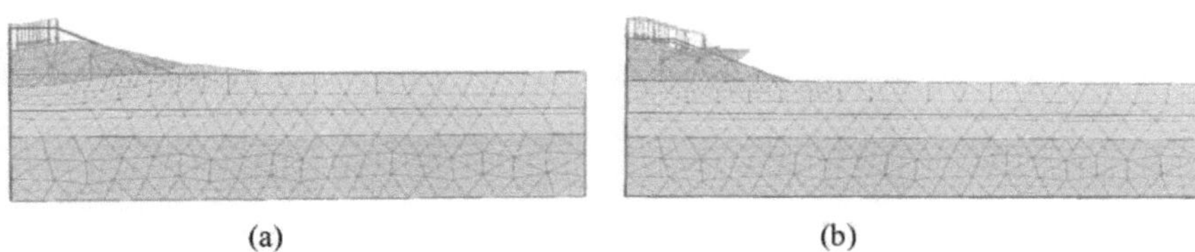

Figura 5.5 Malha deformada de um aterro de 5 m de altura com enchimento natural a) sem geotêxtil b) com geotêxtil

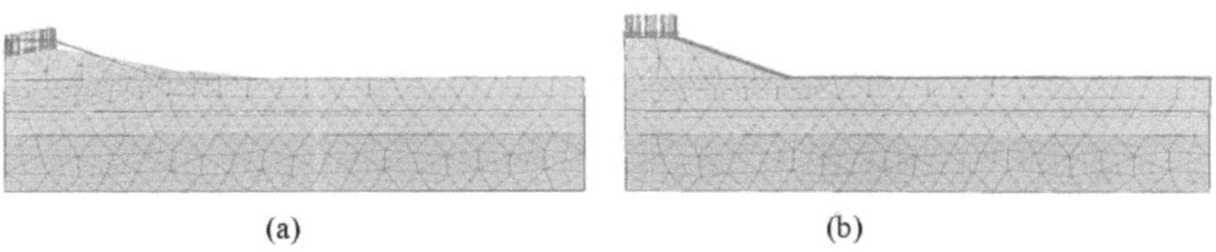

Figura 5.6 Malha deformada de um aterro de 5 m de altura com mistura de solo e escória de aço a) sem geotêxtil b) com geotêxtil

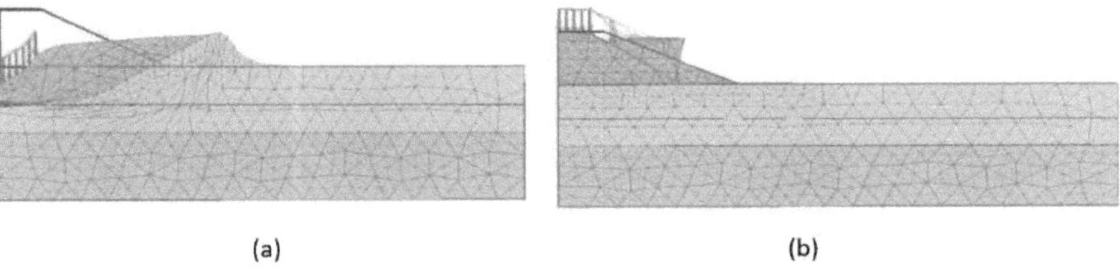

Figura 5.7 Malha deformada de um aterro de 6 m de altura com enchimento natural a) sem geotêxtil b) com geotêxtil

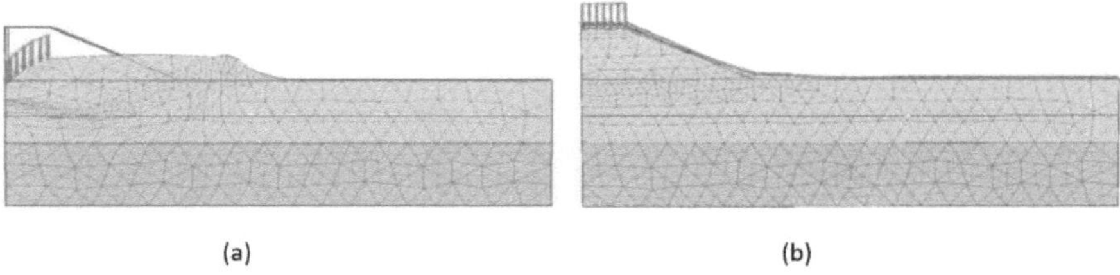

(a)   (b)

Figura 5.8 Malha deformada de um aterro de 6 m de altura com mistura de solo e escória de aço a) sem geotêxtil b) com geotêxtil

O padrão de deslocamento total do aterro de 4 m de altura com material de enchimento natural e mistura de escória de aço e solo é apresentado nas Figuras 5.9 e 5.10, respetivamente. O padrão de deslocamento total do aterro de 5 m de altura com material de enchimento natural e mistura de escória de aço e solo é apresentado nas Figuras 5.11 e 5.12, respetivamente. O padrão de deslocamento do aterro de 6 m de altura com material de enchimento natural e mistura de escória de aço-solo é apresentado nas Figuras 5.13 e 5.14, respetivamente.

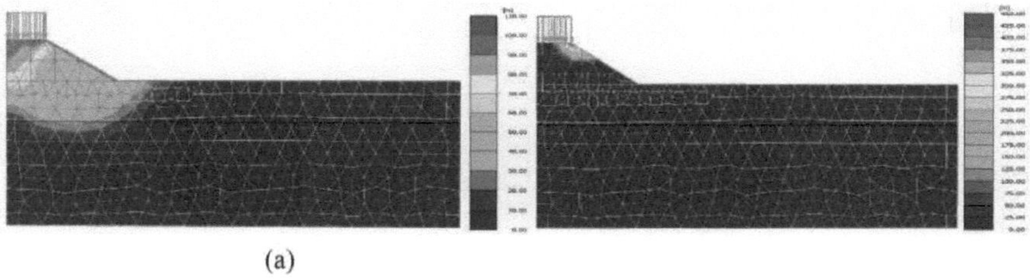

(a)

Figura 5.9 Diagrama de deslocamento total de um aterro de 4 m de altura com enchimento natural a) sem geotêxtil b) com geotêxtil

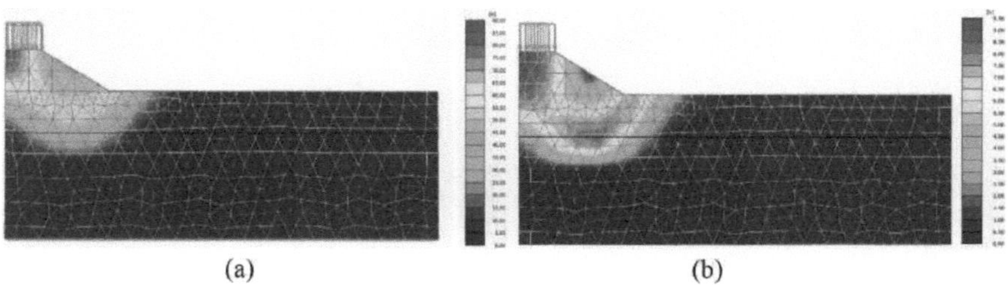

(a)   (b)

Figura 5.10 Diagrama de deslocamento total do aterro de 4 m de altura com mistura de solo e escória de aço a) sem geotêxtil b) com geotêxtil

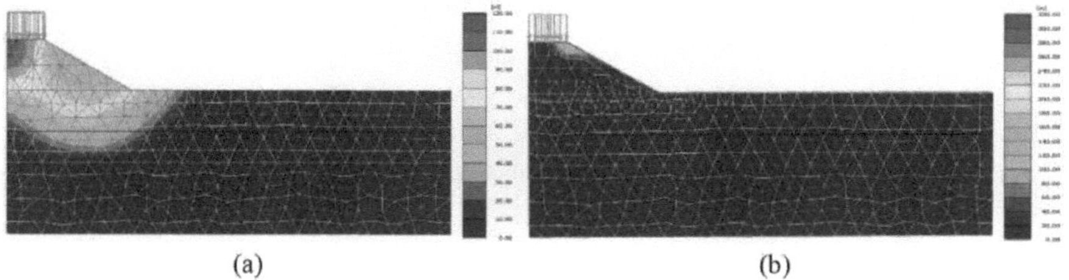

(a)   (b)

Figura 5.11 Diagrama de deslocamento total de um aterro de 5 m de altura com enchimento natural a) sem geotêxtil b) com geotêxtil

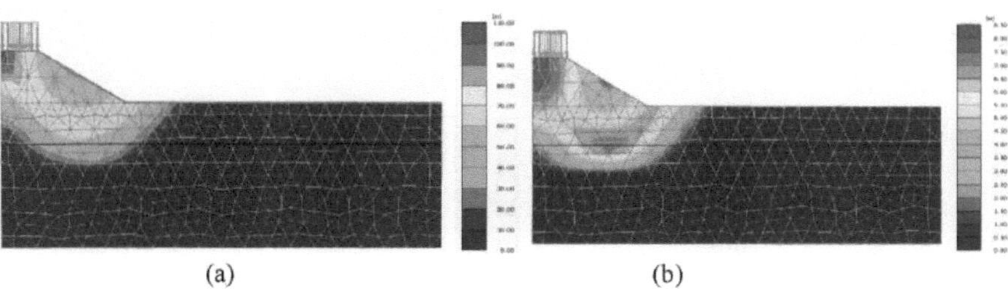

(a)   (b)

Figura 5.12 Diagrama de deslocamento total do aterro de 5 m de altura com mistura de solo e escória de aço a) sem geotêxtil b) com geotêxtil

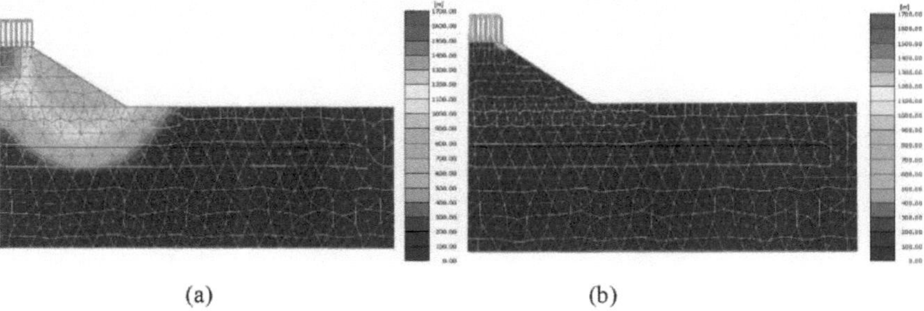

(a)   (b)

Figura 5.13 Padrão de deslocamento total de um aterro de 6 m de altura com enchimento natural a) sem geotêxtil b) com geotêxtil

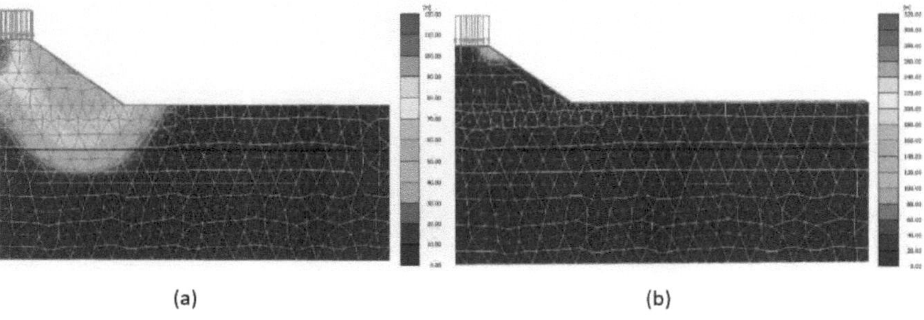

(a)   (b)

73

Figura 5.14 Padrão de deslocamento total do aterro de 6 m de altura com mistura de solo e escória de aço a) sem geotêxtil b) com geotêxtil

Os valores do fator de segurança e do deslocamento total do aterro de altura 4 m, 5 m e 6 m são apresentados nos quadros 5.3, 5.4 e 5.5, respetivamente.

Tabela 5.3 Fator de segurança e valores de deslocamento do aterro de 4 m de altura

Tensile strength of Geotextile	Steel slag-soil mix		Natural fill	
	Factor of safety	Displacement	Factor of safety	Displacement
0	1.359	0.2754	1.171	0.3530
50	1.593	0.2745	1.333	0.3480
100	1.668	0.2737	1.391	0.3352
150	1.747	0.2727	1.393	0.3316
200	1.800	0.2722	1.394	0.3223
250	1.857	0.2713	1.396	0.3163
300	1.909	0.2701	1.397	0.3102
400	1.940	0.2692	1.399	0.3012
500	1.992	0.2682	1.398	0.2923
600	2.020	0.2654	1.396	0.2823
800	2.045	0.2643	1.394	0.2763
1000	2.055	0.2625	1.392	0.2679
1500	2.055	0.2613	1.392	0.2578

Tabela 5.4 Fator de segurança e valores de deslocamento de um aterro de 5 m de altura

Tensile strength of Geotextile	Steel slag-soil mix		Natural fill	
	Factor of safety	Displacement	Factor of safety	Displacement
0	1.198	0.3848	0.882	0.6501
50	1.377	0.3822	0.995	0.6489
100	1.484	0.3793	1.123	0.6473
150	1.568	0.3782	1.256	0.6452
200	1.609	0.3773	1.324	0.6429
250	1.668	0.3765	1.338	0.6401
300	1.694	0.3743	1.338	0.5025
400	1.785	0.3719	1.327	0.4887
500	1.825	0.3703	1.324	0.4725
600	1.848	0.3691	1.323	0.4767
800	1.890	0.3668	1.321	0.4718
1000	1.928	0.3643	1.320	0.4702
1500	1.957	0.3615	1.320	0.4695

Tabela 5.5 Fator de segurança e valores de deslocamento do aterro de 6 m de altura

Tensile strength of Geotextile	Steel slag-soil mix		Natural fill	
	Factor of safety	Displacement	Factor of safety	Displacement
0	0.998	0.6911	0.789	1.010
50	1.279	0.6897	0.932	1.002
100	1.396	0.6865	1.008	0.9989
150	1.463	0.6829	1.134	0.9832
200	1.511	0.6734	1.220	0.9468
250	1.596	0.6549	1.270	0.9201
300	1.597	0.6359	1.286	0.8887
400	1.665	0.6178	1.295	0.8467
500	1.707	0.5962	1.294	0.7954
600	1.722	0.5790	1.281	0.6902
800	1.751	0.5552	1.271	0.6534
1000	1.823	0.5331	1.266	0.6342
1500	1.881	0.4981	1.264	0.6210

O efeito da rigidez elástica do geotêxtil no fator de segurança do aterro é apresentado na Figura 5.15. Pode inferir-se que o fator de segurança tende a aumentar com o aumento da rigidez elástica do geotêxtil. No caso da mistura de solo e escória de aço, o fator de segurança aumenta com o aumento da rigidez elástica do geotêxtil. No caso do material de enchimento natural, o fator de segurança aumenta até um determinado valor de rigidez elástica (100-300 kN/m), dando depois um valor constante de fator de segurança. A variação do deslocamento total com diferentes rigidezes elásticas do geotêxtil é apresentada na Figura 5.16. O efeito da rigidez elástica no deslocamento horizontal (direção x) é apresentado na Figura 5.17. O efeito da rigidez elástica no deslocamento lateral (direção y) é apresentado na Figura 5.18. O efeito da rigidez elástica no deslocamento vertical (direção z) é apresentado na Figura 5.19. O deslocamento total, o deslocamento horizontal, o deslocamento lateral e o deslocamento vertical diminuem com o aumento da rigidez, o que pode ser devido à redução da tensão pelo geotêxtil quando a rigidez aumenta, a redução da tensão também aumenta, pelo que o deslocamento é reduzido. Uma vez que a modelação é um problema de deformação plana, o deslocamento lateral desenvolvido durante a análise é muito reduzido e pode ser negligenciável. Quando a altura aumenta, o peso da estrutura aumenta. Por conseguinte, o deslocamento também aumenta com a altura. Tanto a mistura solo/escória de aço como o material de enchimento normal mostram a mesma tendência

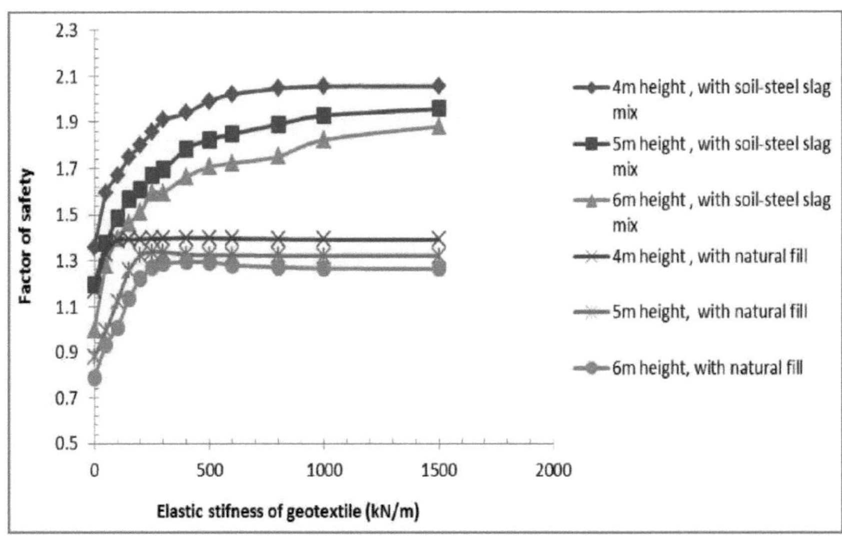

Figura 5.15 Efeito da rigidez elástica do geotêxtil no fator de segurança do aterro

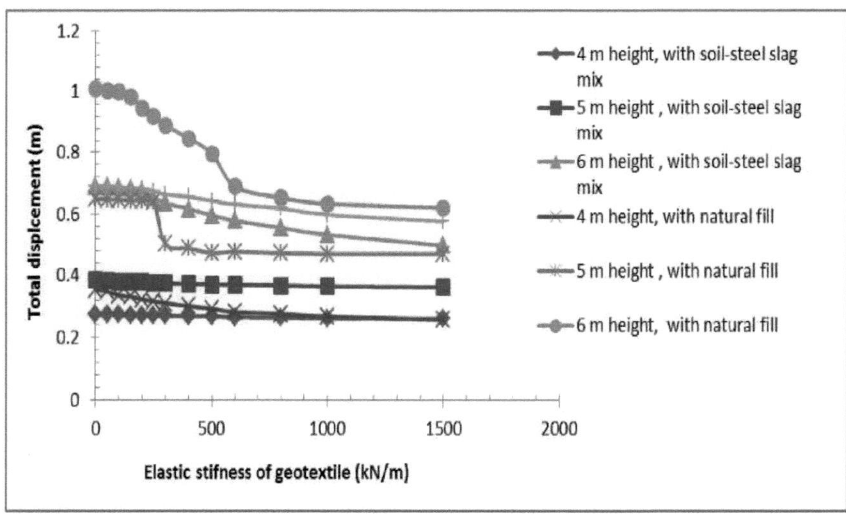

Figura 5.16 Efeito da rigidez elástica do geotêxtil no deslocamento total do aterro

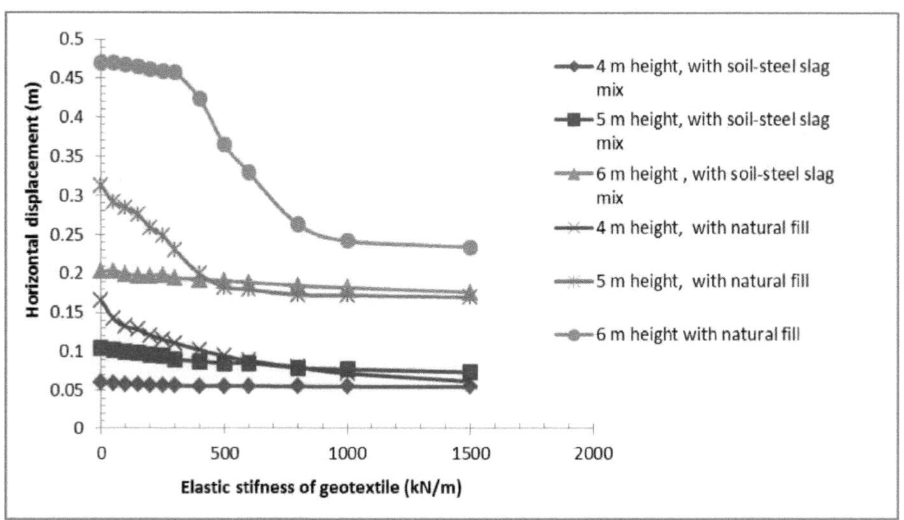

Figura 5.17 Efeito da rigidez elástica do geotêxtil no deslocamento horizontal (direção x) do aterro

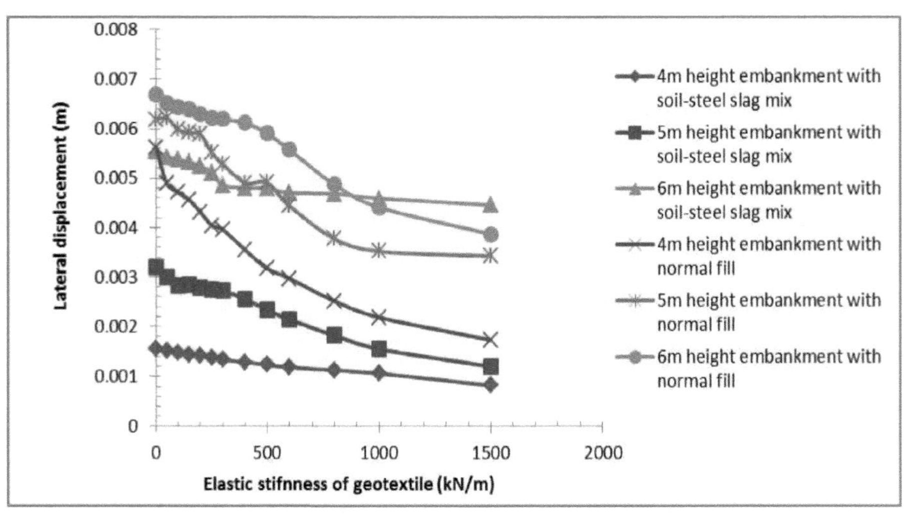

Figura 5.18 Efeito da rigidez elástica do geotêxtil no deslocamento lateral (direção y) do aterro

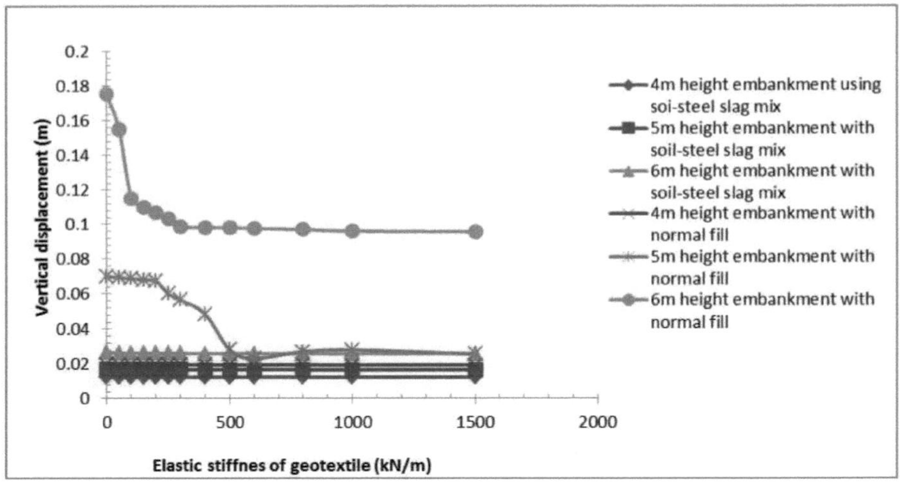

Figura 5.19 Efeito da rigidez elástica do geotêxtil no deslocamento vertical (direção Z) do aterro

O fator de segurança para as escórias de solo e aço varia entre 0,998-2,025 e é superior ao do material de enchimento natural (0,882-1,392). Por conseguinte, a escória de solo e aço é um material melhor para a construção de aterros. O fator de segurança aumenta e o deslocamento total diminui com o aumento da rigidez elástica do reforço geotêxtil até 500 kN/m, tornando-se depois constante. Além disso, a mesma rigidez elástica corresponde a um fator de segurança mais elevado e a um menor deslocamento para as escórias de aço-solo em comparação com o material natural. O aterro reforçado com mistura de solo e escória de aço foi estável mesmo até uma altura de 6 m, uma vez que o fator de segurança é superior a 1,5. No entanto, o aterro com enchimento natural só foi estável até 4 m de altura.

5.6 Caso 2: Modelo de aterro com mistura de solo e escória de aço e solo e escória de aço.

mistura de escória de cobre

A modelação numérica do aterro foi construída utilizando uma mistura de solo e escória de aço (30% de solo e 70% de escória) e uma mistura de escória de cobre e solo (20% de solo e 80% de escória de cobre) no subsolo mole. O solo da fundação é constituído por argila mole. O comportamento do modelo completo do aterro foi analisado utilizando o software "Plaxis 3D", baseado no método dos elementos finitos da ferramenta geomecânica computacional. O estudo do aterro de diferentes alturas (3 m, 4 m e 5 m) foi efectuado com e sem geotêxtil e geocélula de várias resistências à tração. A adequação foi determinada com base nos critérios de segurança e de deslocação

5.6.1 Propriedades dos materiais

As propriedades do solo de fundação (argila mole (referência) e do material de aterro (mistura de escória de cobre e solo) são apresentadas no Quadro 5.6. O aterro é modelado utilizando o solo de Mohr - coulomb. O solo da fundação é modelado como solo mole. Neste estudo, foram utilizados dois tipos de material de reforço: um é o geotêxtil e o outro é a geocélula. O geotêxtil foi colocado em duas camadas, uma entre o aterro e outra no meio do aterro. A geocélula foi colocada no solo macio junto ao solo. As propriedades do material do geotêxtil e da geocélula são apresentadas na Tabela 5.7.

Tabela 5.6 Propriedades do solo de fundação e do material de aterro

Subsoil properties	Clay 1	Clay 2	Soil-copper slag mix	Soil-steel slag mix	Unit
Type of behavior	Undrained A	Undrained A	Drained	Drained	-
Υ_{unsat}	1.66	1.66	2.33	1.74	kg/m^3
Υ_{sat}	1.73	1.73	2.50	1.98	kg/m^3
Lamda (λ)	0.05	0.05	-	-	kN/m^2
Kappa (κ)	0.01	0.01	-	-	-
Elastic modulus (E)	-	-	3000	3000	kN/m^2
Poison's ratio	-	-	0.27	0.3	-
C	24	16	11	2	kN/m^2
ϕ	1	1	38	48	Degree
ψ	0	0	0	0	Degree
Material model	Soft Soil	Soft Soil	Mohr - Coulomb	Mohr-Columb	-

Tabela 5.7 Propriedades do geotêxtil e da geocélula

Parameter	Name	Geotextile	Geocell	Unit
Material model	Model	Elastic	Elastic	-
Elastic stiffness	EA	50-1500	50-1500	kN/m

5.5.3 Modelo de elementos finitos

O aterro de 8 metros de largura com um declive lateral de 2:1 foi modelado utilizando o software Plaxis 3D baseado em elementos finitos. O solo de fundação foi considerado como tendo 14 m de profundidade e é constituído por dois tipos de argila mole. O nível freático foi assumido como estando 3m abaixo da superfície do solo, a pressão de sobrecarga aplicada ao aterro da autoestrada é de $30kN/m^2$. O aterro foi construído em argila mole em dois níveis. O ensaio foi efectuado a diferentes alturas de aterro, variando de 3m a 5m. A análise da estabilidade do aterro com e sem geotêxtil de resistência à tração variável varia entre 50kN/m e 1500 kN/m. Foi também estudada a influência da geocélula de resistência à tração de 50kN/m -1500 kN/m na estabilidade do solo reforçado. A geocélula é colocada entre o solo de fundação e o material de aterro, sendo o interior da geocélula preenchido com o material de aterro correspondente.

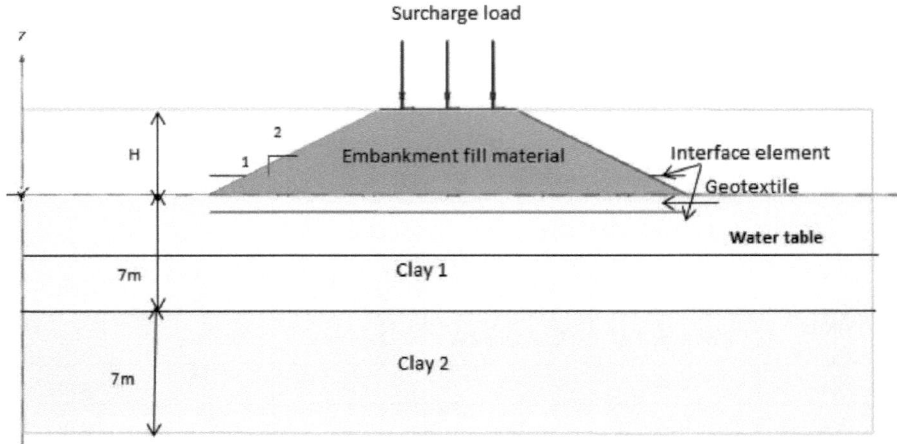

Figura 5.20: Diagrama esquemático do modelo de aterro

5.5.4 Interface

O elemento de interface foi considerado entre o material de enchimento do aterro e o geotêxtil e o fator de redução da resistência (R_{inter}) foi considerado. Na interface solo de escória de aço - geotêxtil, o fator R_{inter} foi assumido como 0,95, enquanto que na interface solo de escória de cobre - geotêxtil foi assumido como 0,95, respetivamente. A interface argila - geotêxtil foi assumida como 0,85.

5.5.5 Mecanismo de estabilização da geocélula

A geocélula reduz a tensão lateral através de uma maior resistência passiva e reduz a tensão vertical na interface. A tensão lateral é absorvida pelas paredes da geocélula como tensão de aro sugerida por Gupta (1992). De acordo com Rajagopal, et al. (1999), o reforço da geocélula confere uma força coesiva aparente mesmo a solos com coesão reduzida e a força coesiva aparente induzida depende do módulo de tração do geossintético utilizado para formar a geocélula. Sitharam e Hegde (2013) propuseram uma hipótese para estimar a capacidade de suporte dos leitos de argila mole reforçados com geocélulas. O aumento da capacidade de carga do leito de argila reforçado com geocélulas é principalmente contribuído por dois mecanismos, nomeadamente o efeito de resistência lateral e o efeito de dispersão vertical das tensões. Se a geogrelha de base for colocada por baixo do colchão de geocélulas, entra em ação o terceiro mecanismo, denominado efeito de membrana. Assim, o aumento da capacidade de carga do leito de fundação reforçado com geocélulas e geogrelhas (ΔP) pode ser dado por (equação (1)),

ΔP= efeito de resistência lateral ($\Delta P1$) + efeito de dispersão vertical de tensões ($\Delta P2$) + efeito de membrana ($\Delta P3$).. (1)

O termo efeito de resistência lateral utilizado na formulação indica a mobilização da força de cisalhamento adicional (τ) no leito de argila devido à interação entre a superfície interna da geocélula e o solo de enchimento. A superfície interior da geocélula tem uma textura única. Quando o solo de enchimento entra em contacto com estas texturas, desenvolve-se uma força de fricção entre o material e a superfície interior da geocélula. A força de fricção, assim originada, não só resiste à carga imposta, como também ajuda a aumentar a capacidade de suporte dos leitos de argila reforçada. A componente do efeito da resistência lateral ($\Delta P1$) é calculada utilizando o método de Koerner (1998) (Equação (2)).

$\Delta P1 = 2*\tau$.. (2)

Onde τ é a resistência ao cisalhamento entre a parede da geocélula e o solo de enchimento (areia). Mecanismo de dispersão vertical das tensões A sapata de largura "B" assente no reforço da geocélula comporta-se como se a sapata de largura B+ΔB assentasse num solo macio à profundidade de Dr , sendo Dr a profundidade do reforço. β é o ângulo de dispersão da carga, medido em relação à direção vertical. Geralmente, β varia entre um valor mínimo de 26^0 (1H: 2V) e um máximo de 45^0 (1H: 1V). Se Pr for a pressão aplicada na base com largura "B", então a pressão efectiva transferida para o solo subjacente é inferior a Pr . A redução da pressão devido à colocação da geocélula ($\Delta P2$) é obtida da seguinte forma (Equação(3))

$\Delta P2 = Pr\ (1- (B/\ (B+2Dr\ \tan\beta)))$ .... (3)

O mecanismo do efeito de membrana é contribuído pela componente vertical da resistência à tração mobilizada da armadura plana. O aumento da capacidade de carga devido ao efeito de membrana ($\Delta P3$) é dado pela Equação (4)

$\Delta P3 = 2*T\sin\alpha\ /\ B$ .... (4)

Onde, T é a resistência à tração da geogrelha basal. Sinα é calculado em função do assentamento.

5.6.5 Resultados

A análise do aterro reforçado com geotêxtil foi realizada através da determinação do fator de segurança. Geralmente, um valor de 1,5 para o fator de segurança em relação à resistência é aceitável para a conceção de um talude estável. Para aterros não reforçados de 3m, 4m e 5m de altura, constituídos por uma mistura de solo e escória de cobre, o fator de segurança é de 1,31, 1,20 e 1,07, respetivamente. Os aterros reforçados, reforçados com geotêxteis, são apresentados na Tabela 5.8 e os aterros reforçados com geocélulas são apresentados na Tabela 5.10. Para aterros não reforçados de altura 3 m, 4 m, 5 m constituídos por uma mistura de solo e escória de aço com um fator de segurança de 1,45, 1,356 e 1,236, respetivamente. O fator de segurança para o aterro reforçado com geotêxtil é apresentado no Quadro 5.9

Tabela 5.8: Fator de segurança e valores de deslocamento de aterros de diferentes alturas constituídos por uma mistura de solo e escória de cobre com propriedades geotêxteis variáveis

Elastic stiffness of geotextile (kN/m)	3m height		4m height		5m height	
	Factor of safety	Total displacement (m)	Factor of safety	Total displacement (m)	Factor of safety	Total displacement (m)
0	1.310	0.4096	1.201	0.5260	1.007	0.6084
50	1.521	0.4068	1.331	0.5244	1.143	0.6066
100	1.550	0.4055	1.333	0.5210	1.160	0.6059
150	1.562	0.4036	1.339	0.5198	1.165	0.6044
200	1.572	0.4023	1.341	0.5164	1.175	0.6038
250	1.579	0.4006	1.349	0.5132	1.180	0.6026
300	1.583	0.3994	1.353	0.5089	1.185	0.6014
400	1.589	0.3969	1.361	0.5050	1.195	0.6009
500	1.592	0.3928	1.372	0.4980	1.200	0.5996
600	1.594	0.3903	1.380	0.4926	1.204	0.5989
800	1.597	0.3844	1.384	0.4892	1.211	0.5980
1000	1.597	0.3806	1.383	0.4814	1.215	0.5976
1500	1.594	0.3688	1.383	0.4645	1.220	0.5988

Tabela 5.9: Fator de segurança e valores de deslocamento de aterros de diferentes alturas constituídos por uma mistura de solo e escória de aço com propriedades geotêxteis variáveis

Elastic stiffness of geotextile	3m height		4m height		5m height	
	Factor of safety	Total displacement (m)	Factor of safety	Total displacement (m)	Factor of safety	Total displacement (m)
0	1.45	0.3443	1.356	0.4323	1.236	0.5176
50	1.572	0.3431	1.414	0.4311	1.323	0.5166
100	1.584	0.3426	1.431	0.4302	1.364	0.5160
150	1.591	0.3420	1.441	0.4296	1.392	0.5154
200	1.598	0.3415	1.453	0.4292	1.420	0.5147
250	1.605	0.3410	1.461	0.4286	1.437	0.5140
300	1.613	0.3404	1.471	0.4280	1.448	0.5135
400	1.624	0.3398	1.488	0.4277	1.461	0.5129
500	1.63	0.3392	1.508	0.4271	1.474	0.5123
600	1.638	0.3387	1.517	0.4268	1.489	0.5119
800	1.641	0.3382	1.523	0.4263	1.501	0.5114
1000	1.650	0.3376	1.526	0.4259	1.515	0.5107
1500	1.655	0.3368	1.533	0.4250	1.528	0.5100

Tabela 5.10: Fator de segurança e valores de deslocamento de aterros de diferentes alturas constituídos por mistura de solo e escória de cobre e mistura de solo e escória de aço com propriedades variáveis da geocélula

Elastic stiffness of geocell (kN/m)	4m height embankment with soil-copper slag mix		5m height embankment with soil-copper slag mix	
	Factor of safety	Total displacement (m)	Factor of safety	Total displacement (m)
0	1.201	0.5260	1.007	0.6084
50	1.526	0.2220	1.345	0.3034
100	1.543	0.2215	1.368	0.3029
150	1.561	0.2203	1.374	0.3018
200	1.583	0.2195	1.383	0.3008
250	1.596	0.2189	1.398	0.2996
300	1.612	0.2180	1.405	0.2989
400	1.624	0.2168	1.412	0.2980
500	1.632	0.2152	1.42	0.2973
600	1.649	0.2144	1.428	0.2965
800	1.669	0.2132	1.434	0.2953
1000	1.678	0.2116	1.438	0.2946
1500	1.692	0.2108	1.441	0.2938

As malhas deformadas dos aterros constituídos por uma mistura de solo e escórias de cobre de 3 m, 4 m e 5 m de altura, com e sem reforços, são apresentadas nas figuras 5.21, 5.22 e 5.23, respetivamente. A malha deformada do aterro constituído por uma mistura de solo e escórias de aço de altura 3m, 4m, 5m com e sem reforço é apresentada nas figuras 5.24, 5.25 e 5.26, respetivamente.

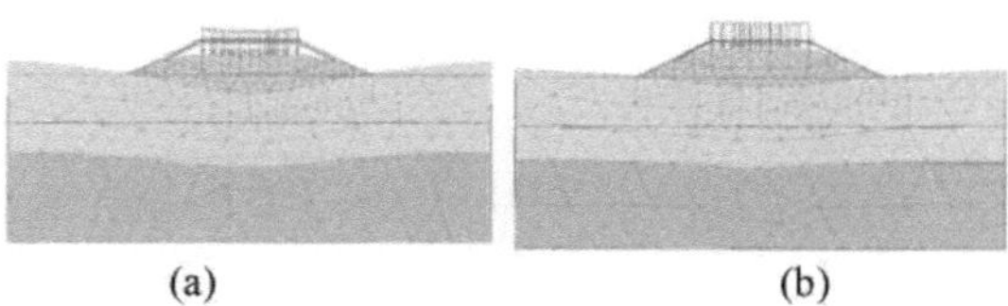

(a)   (b)

Figura 5.21 Malha deformada de um aterro de 3 m de altura com mistura de solo e escória de cobre a) sem geotêxtil b) com geotêxtil

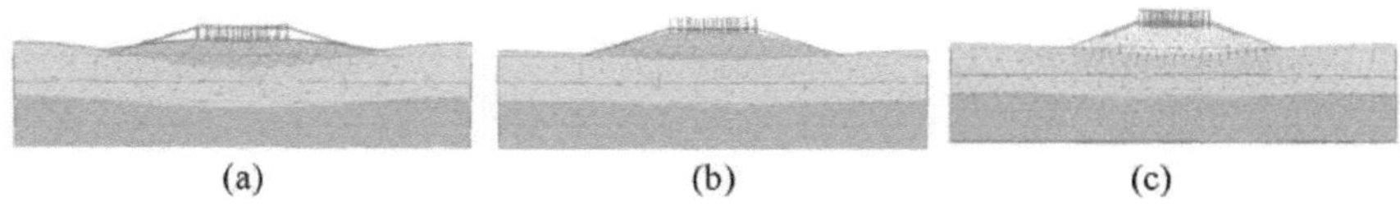

(a)   (b)   (c)

Figura 5.22 Malha deformada de um aterro de 4 m de altura com mistura de solo e escória de cobre a) sem geotêxtil b) com geotêxtil c) com geotêxtil e geocélula

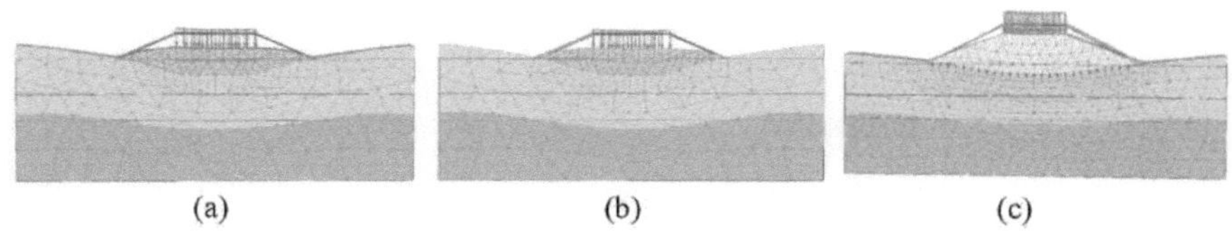

(a)   (b)   (c)

Figura 5.23 Malha deformada de um aterro de 5 m de altura com mistura de solo e escória de cobre a) sem geotêxtil b) com geotêxtil c) com geotêxtil e geocélula

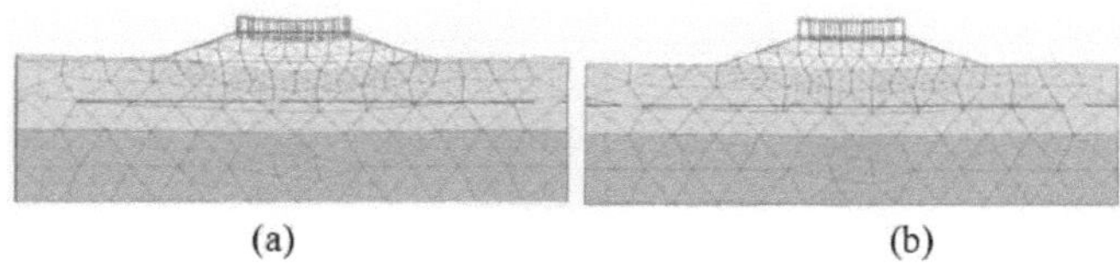

(a)   (b)

Figura 5.24 Malha deformada de um aterro de 3 m de altura com mistura de solo e escória de aço a) sem geotêxtil b) com geotêxtil

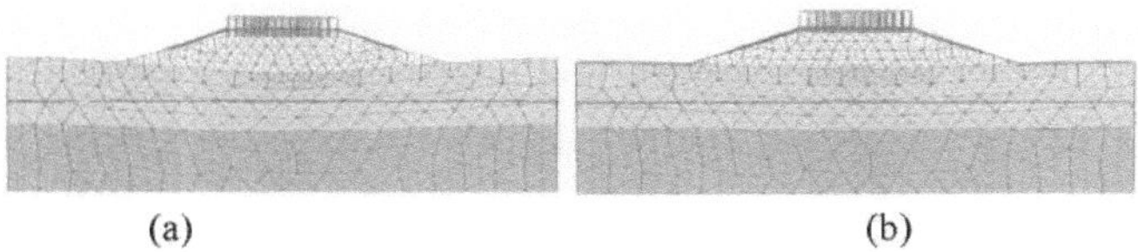

(a)　　　　　　　　　(b)

Figura 5.25 Malha deformada de um aterro de 4 m de altura com mistura de solo e escória de aço a) sem geotêxtil b) com geotêxtil

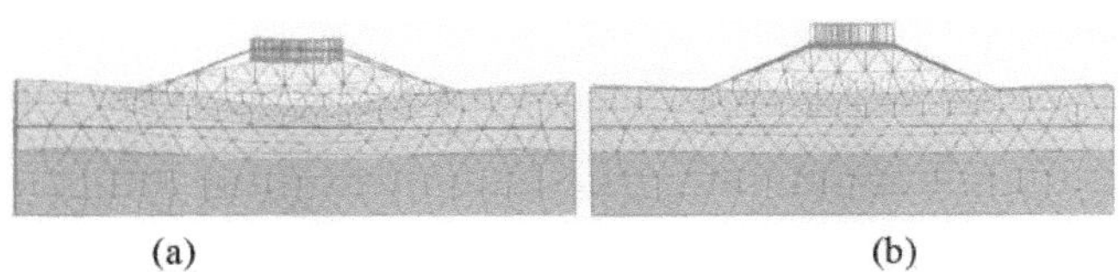

(a)　　　　　　　　　(b)

Figura 5.26 Malha deformada de um aterro de 5 m de altura com mistura de solo e escória de aço a) sem geotêxtil b) com geotêxtil

O aterro constituído por uma mistura de solo e escórias de cobre foi estável até uma altura de 3 m com a adição de geotêxtil de rigidez elástica de 50 kN/m. O aterro de 4 m de altura e 5 m de altura não foi estável mesmo com a adição de geotêxtil. Por isso, foi feita uma estabilização adicional com geocélulas. A adição de geocélulas melhora o fator de segurança e reduz o assentamento. O aterro constituído por uma mistura de solo e escória de aço de 3 m de altura ficou estável com a adição de geotêxtil de rigidez elástica de 50 kN/m. O aterro de 4 m de altura foi estável com a adição de geotêxtil de rigidez elástica de 500 kN/m. O aterro de 5 m de altura ficou estável com a adição de geotêxtil de rigidez elástica de 800 kN/m. Os diagramas de deslocamento total dos aterros com mistura de solo e escória de cobre de altura 3 m, 4 m, 5 m com e sem geotêxtil são apresentados nas Figuras 5.27, 5.28 e 5.29, respetivamente. Os diagramas de deslocamento total do aterro utilizando uma mistura de solo e escória de aço de altura 3 m, 4 m, 5 m com e sem geotêxtil são apresentados nas Figuras 5.30, 5.31 e 5.32.

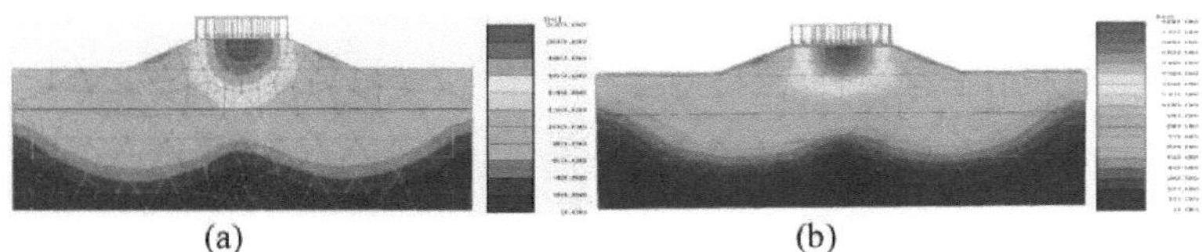

(a)　　　　　　　　　(b)

Figura 5.27 Diagrama de deslocamento do aterro de 3 m de altura com mistura de solo e escória de cobre a) sem geotêxtil b) com geotêxtil

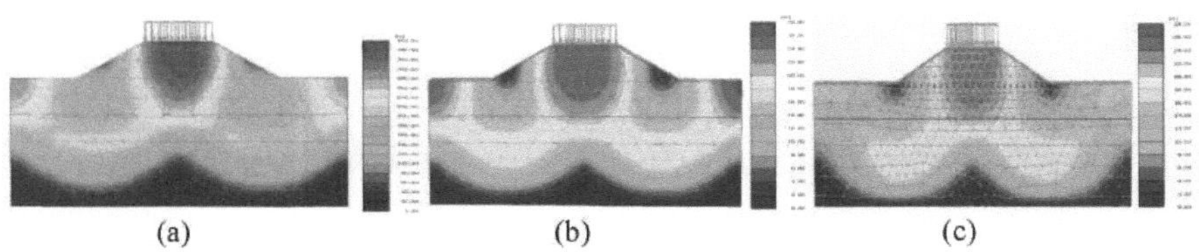

(a)　　　　　　(b)　　　　　　(c)

Figura 5.28 Diagrama de deslocamento da mistura solo/escória de cobre de um aterro de 4 m de altura a) sem geotêxtil b) com geotêxtil c) com geocélula

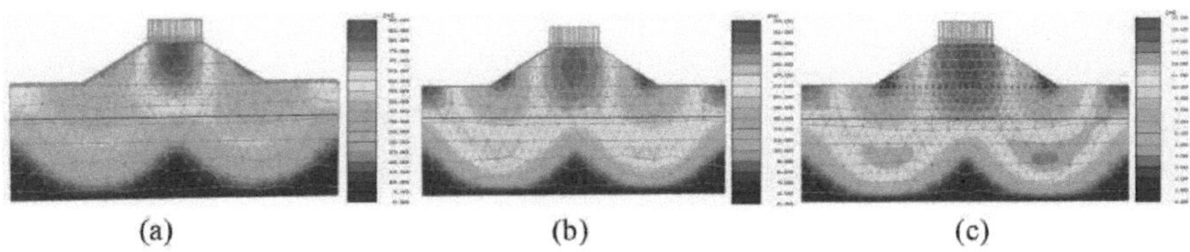

(a)   (b)   (c)

Figura 5.29 Diagrama de deslocamento de um aterro de 5 m de altura com mistura de solo e escória de cobre a) sem geotêxtil b) com geotêxtil c) com geocélula

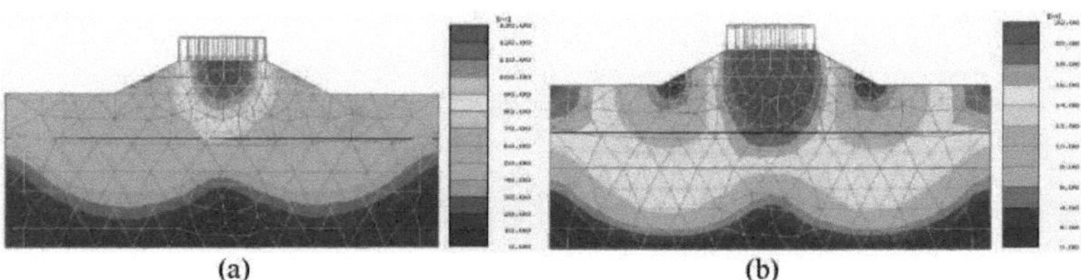

(a)   (b)

Figura 5.30 Diagrama de deslocamento do aterro de 3 m de altura com mistura de solo e escória de aço a) sem geotêxtil b) com geotêxtil

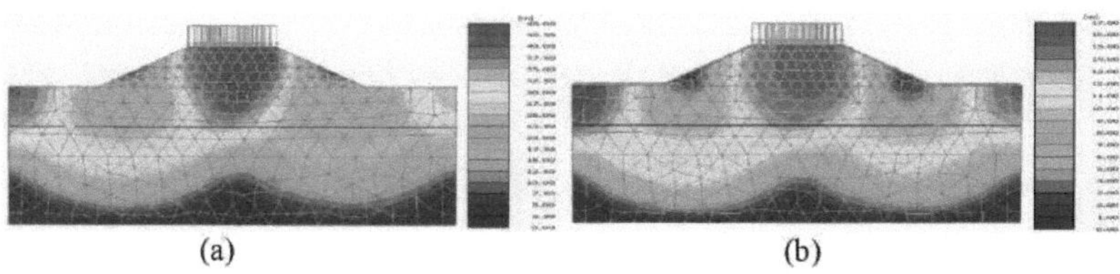

(a)   (b)

Figura 5.31 Diagrama de deslocamento do aterro de 4 m de altura com mistura de solo e escória de aço a) sem geotêxtil b) com geotêxtil

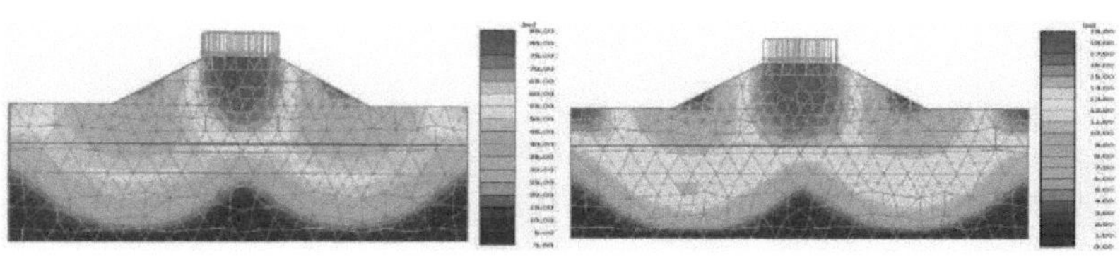

Figura 5.32 Diagrama de deslocamento do aterro de 5 m de altura com mistura de solo e escória de aço a) sem geotêxtil b) com geotêxtil

A partir dos resultados, concluiu-se que o fator de segurança tende a aumentar e o deslocamento diminui com o aumento da resistência à tração do geotêxtil. O efeito da rigidez elástica do geotêxtil no fator de segurança é apresentado na Figura 5.33. A mistura de solo e escória de aço tem um fator de segurança mais elevado do que a mistura de solo e escória de cobre. A adição de geocélulas melhora a estabilidade do aterro através de um aumento do fator de segurança da estrutura. A variação do fator de segurança com a rigidez elástica do geotêxtil e da geocélula é apresentada na Figura 5.34. O valor do deslocamento total aumenta com o aumento da altura do aterro. A mistura solo/escória de cobre tem um valor de deslocamento mais elevado do que a mistura solo/escória de aço. Este facto deve-se à maior densidade da mistura de solo e cobre. A adição de geotêxtil reduz o deslocamento total devido à redução da tensão. A rigidez total diminui com o aumento da rigidez elástica. A Figura 5.35 mostra o efeito da rigidez elástica do geotêxtil no deslocamento total do aterro. A adição de geocélulas reduz drasticamente o deslocamento. A Figura 5.36 mostra a variação dos valores do deslocamento total com o geotêxtil e a geocélula. A Figura 5.37 mostra o padrão de deslocamento da geocélula colocada no aterro de altura 5 m.

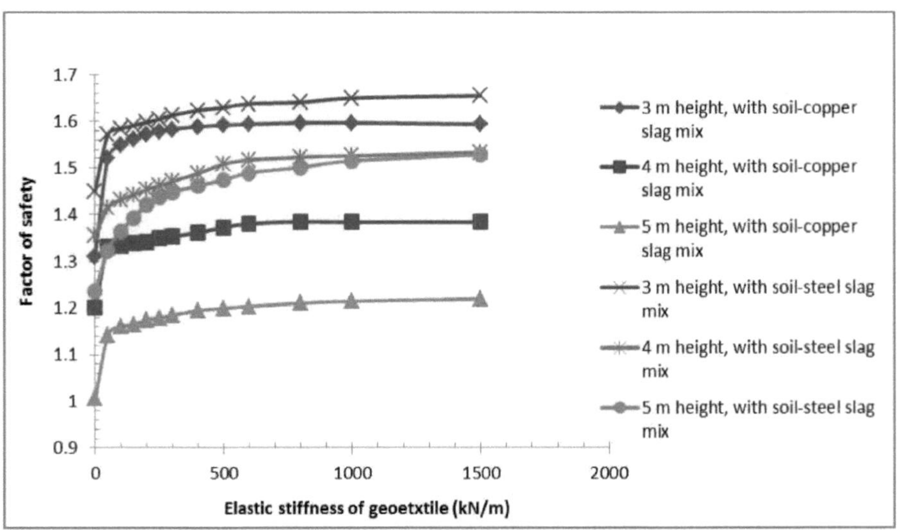

Figura 5.33: Efeito da rigidez elástica do geotêxtil no fator de segurança do aterro.

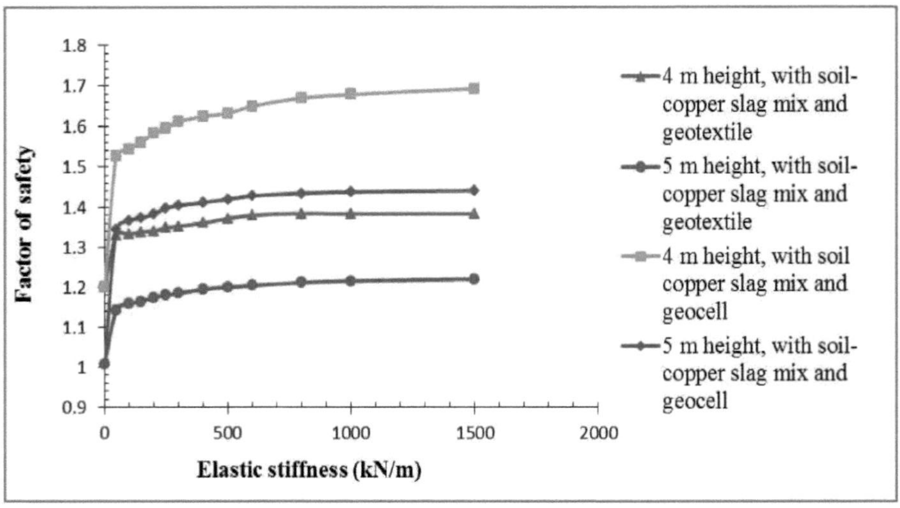

Figura 5.34: Variação do fator de segurança com a rigidez elástica do geotêxtil e da geocélula

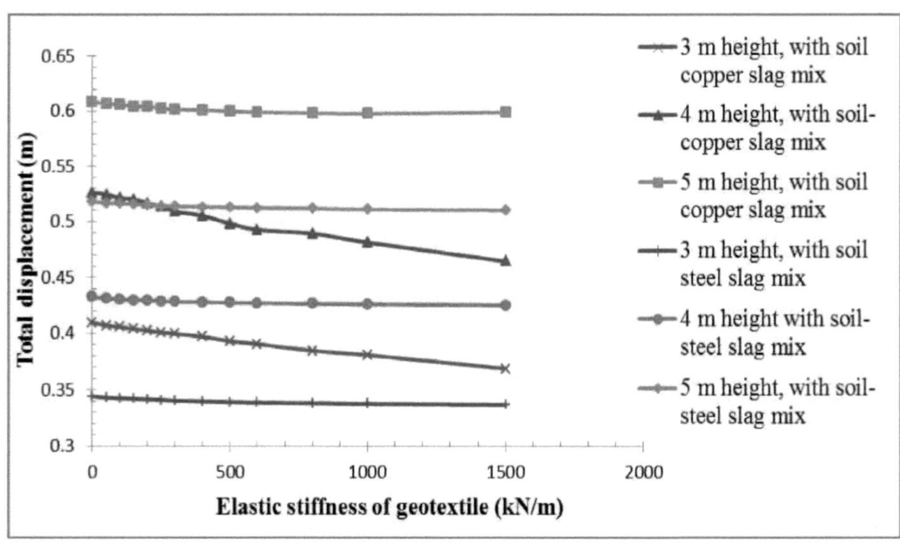

Figura 5.35: Efeito da rigidez elástica do geotêxtil no deslocamento total

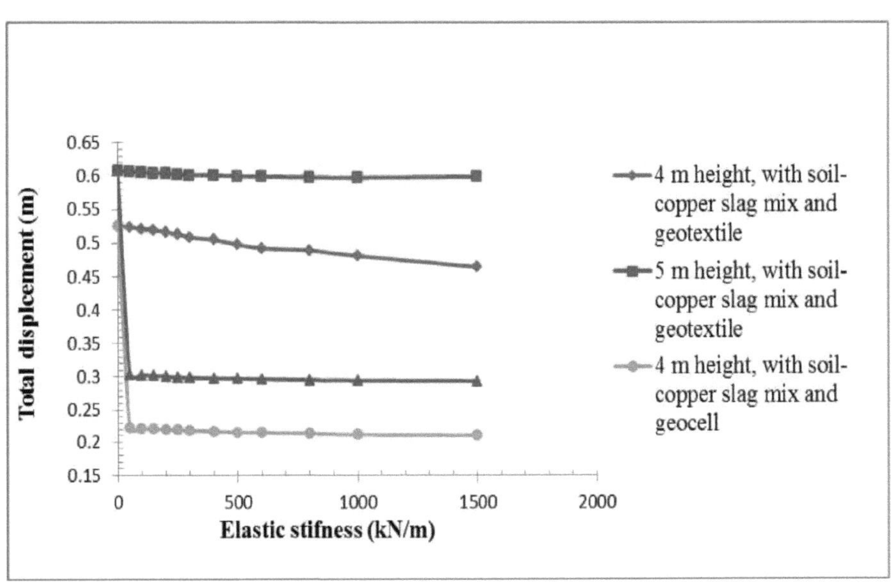

Figura **5.36** Variação do deslocamento total com a rigidez elástica do geotêxtil e da geocélula

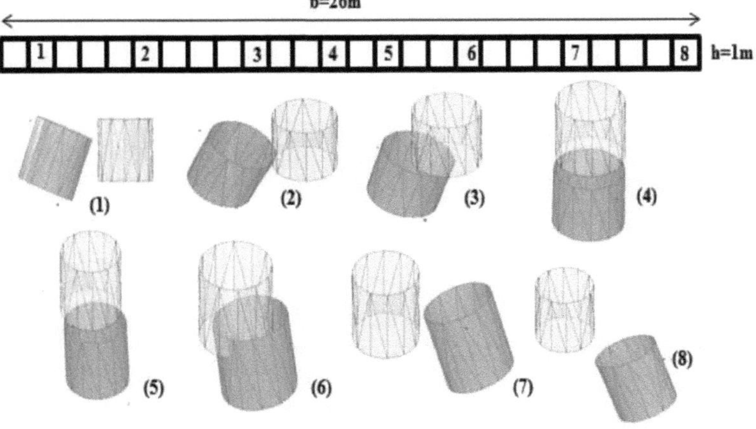

Figura **5.37** Padrão de deslocamento do colchão de geocélulas.

5.7   Caso 3: Modelo de aterro com mistura de solo e escória de aço, geo-espuma EPS, EPGM

A modelação do aterro é efectuada utilizando uma mistura de escória de aço e solo (70% de escória de aço com 30% de solo), geo-espuma EPS, subsolo mole EPGM. O solo de fundação é constituído por uma camada de argila. Foi efectuado um estudo comparativo destes materiais de enchimento de aterros. O geotêxtil de rigidez elástica 150 kN/m foi utilizado como material de estabilização do solo para identificar o geotêxtil mais adequado para a construção de aterros. A adequação destes materiais de aterro para diferentes alturas do aterro foi analisada com base em critérios de estabilidade e deslocamento

5.7.1 Propriedades dos materiais

O estudo do aterro baseou-se em três tipos de material de enchimento do aterro: um é uma mistura de solo e escória de aço (70% de solo e 30% de escória), o outro é uma geo-espuma de poliestireno expandido (EPS) (H. Padade 2014) e o terceiro é um geomaterial à base de poliestireno expandido com cinzas volantes (EPGM) (H.Padade 2014). As propriedades do material de enchimento do aterro e do solo de fundação são apresentadas no Quadro 5.11

Tabela 5.11: Propriedades dos materiais de aterro e do solo de fundação

Material property	Foundation soil	Embankment fill material			Unit
	Soft clay	EPGM	Soil-steel slag mix	Geofoam	
Saturated density (Υ_{sat})	1.60	1.32	1.74	.022	kg/m^3
Unsaturated density (Υ_{unsat})	1.73	1.32	1.98	.022	kg/m^3
Elastic stiffness (E)	-	5.5×10^6	2800	5×10^7	kN/m^2
Poison's ratio (v)	-	0.2150	0.27	.1250	-
Cohesion (c)	21	-	3	-	kN/m^2
Friction angle (φ)	1	-	48	-	-
Material model	Soft soil	Linear Elastic	Mohr-Columb	Linear elastic	
Drainage type	Undrained A	Drained	Drained	Drained	

Lambda (λ)	0.05	-	-	-	-
Kappa (κ)	0.01	-	-	-	-

A escória de aciaria é um produto residual da indústria siderúrgica. Trata-se de um material não plástico e não expansível, com um elevado ângulo de atrito, que tem sido utilizado como material de construção. Neste modelo de elementos finitos, a mistura solo/escória de aço foi modelada como um modelo Mohr-Coulomb. A condição de drenagem foi considerada do tipo drenado. A geo-espuma de poliestireno expandido (EPS) é um material geossintético celular, utilizado em todo o mundo devido ao seu grande número de aplicações. Devido à sua densidade muito baixa em comparação com outros materiais de enchimento convencionais, os blocos de geo-espuma EPS podem ser utilizados como enchimento leve. Neste estudo, a geo-espuma de EPS foi modelada como material elástico linear e do tipo drenado. O geomaterial à base de poliestireno expandido com cinzas volantes é um material leve constituído por grânulos de EPS, solo, cimento e cinzas volantes. Tem sido utilizado para a construção de estradas, aterros, material de enchimento atrás de muros de contenção e pilares de pontes. Este material superleve tem desempenhado um papel importante na resolução de problemas de assentamento excessivo em solos moles. O EPGM foi modelado como um material elástico linear com carácter drenado.

O solo de fundação é constituído por argila mole e foi modelado como um modelo de solo mole com condição drenada de não drenada A. O aterro reforçado da autoestrada foi modelado com geotêxtil de resistência à tração de 150kN/m e foi modelado utilizando um parâmetro de elemento de entrada denominado geogrelha. Foi modelado como um material elástico.

5.7.2 Modelo de elementos finitos

O aterro da autoestrada com uma largura de 8 metros e um declive lateral de 1:1 foi modelado utilizando o software Plaxis 3D baseado em elementos finitos. Como o aterro é simétrico em relação à linha central, apenas metade da parte do aterro foi modelada. O diagrama esquemático do aterro de 4 m de altura é apresentado na Figura 5.38. Foi utilizada uma carga de sobrecarga nominal de 30 kN/m^2 para modelar a carga do tráfego. Foram modelados aterros de quatro alturas diferentes, variando de 4 a 7 m. A geo-espuma EPS e o EPGM foram modelados como um cuboide de tamanho 1 m x 1 m x 0,5 e 0,5 m x 1m x 0,5 m

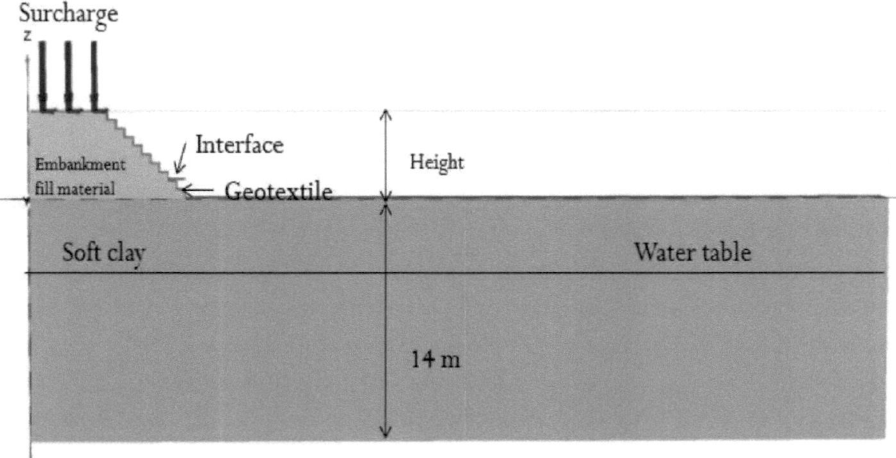

Figura 5.38 Diagrama esquemático do modelo de aterro de 4 m de altura

5.7.3 Interfaces

O elemento de interface foi considerado entre a geofoam e o geotêxtil e o fator de redução da resistência (Rinter) foi considerado como 0,3. O fator de redução da resistência para o EPGM e o geotêxtil foi considerado como 0,6. Fator de redução da resistência para a mistura solo/escória de aço e geotêxtil considerado como 0,9. O fator de redução da resistência para o solo de fundação e o geotêxtil foi considerado como 0,85 O elemento de interface é apresentado na Figura 5.36.

5.7.4 Mecanismo de aterro de geo-espuma

O mecanismo de transferência de carga do aterro de geo-espuma é explicado na Figura 5.39 a e b. Nesta figura, 5.39 a mostra o aterro constituído por material de enchimento convencional e há um aumento da carga de sobrecarga devido ao peso da estrutura. A figura 5.39 b mostra o aterro constituído por geo-espuma e não há aumento da pressão superficial.

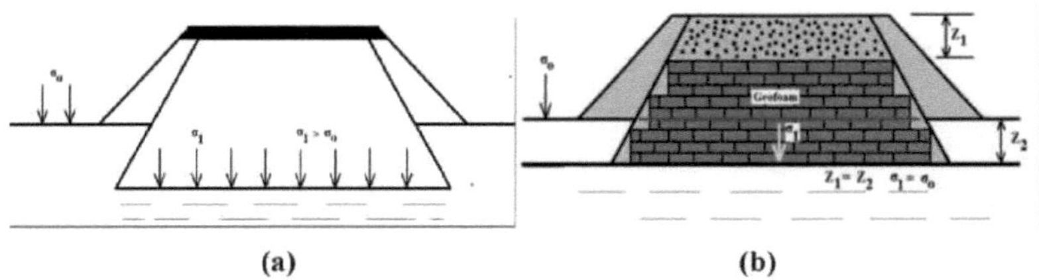

Figura 5.39 (a) Aterro feito com material de enchimento de aterro convencional (b) Aterro feito com geo-espuma

5.7.5 Resultados

O processo de análise do aterro foi efectuado numa sequência diferente que inclui o seguinte procedimento. A modelação numérica do aterro foi construída de acordo com a dimensão do modelo e as propriedades dos materiais foram atribuídas utilizando o Plaxis 3D. Foi adoptada uma malha de tamanho médio no processo de geração da malha. A determinação da estabilidade foi efectuada após o processo de construção por fases. A estabilidade do aterro reforçado foi determinada com base no fator de segurança. Geralmente, um valor de 1,5 para o fator de segurança em relação à resistência é aceitável para a conceção de um talude estável. A análise foi efectuada com uma altura de aterro diferente de 4 m, 5 m, 6 m e 7 m.

As Figuras 5.40, 5.41, 5.42 e 5.43 mostram a malha deformada do aterro de altura 4 m, 5 m, 6 m e 7, respetivamente. A partir das figuras, deduz-se que, quando a altura do aterro aumenta, a deformação também aumenta e a dimensão do talude formado também aumenta, porque o mecanismo de transferência de carga se torna deficiente com o aumento do peso da estrutura. Todos os três materiais (EPGM, geo-espuma EPS, mistura de solo e escória de aço) mostram os mesmos tipos de tendências nesta malha deformada.

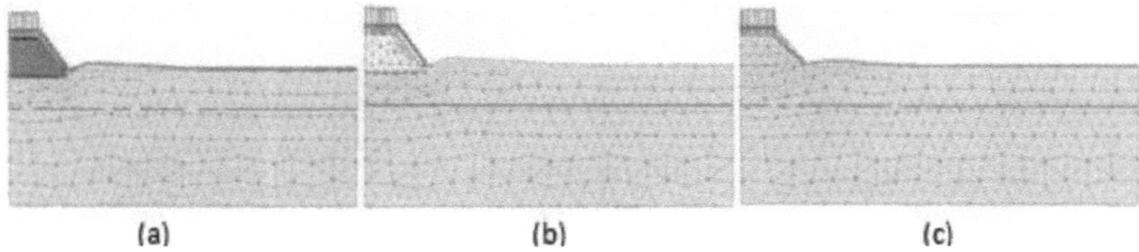

Figura 5.40: Malha deformada de um aterro de 4 m de altura com (a) EPGM (b) geo-espuma de EPS (c) mistura de solo e escória de aço

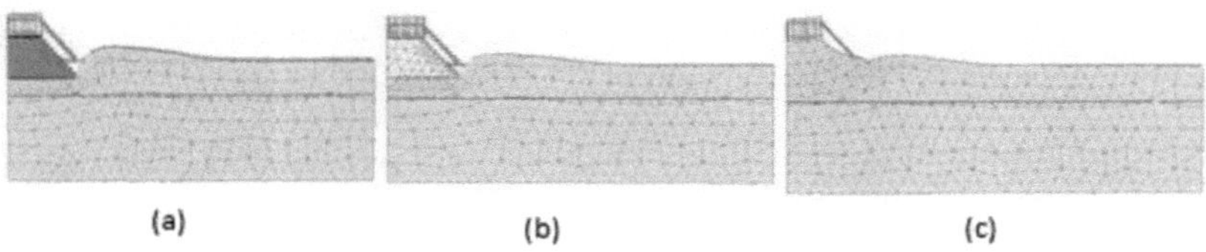

Figura 5.41: Malha deformada de um aterro de 5 m de altura com (a) EPGM (b) geo-espuma de EPS (c) mistura de solo e escória de aço

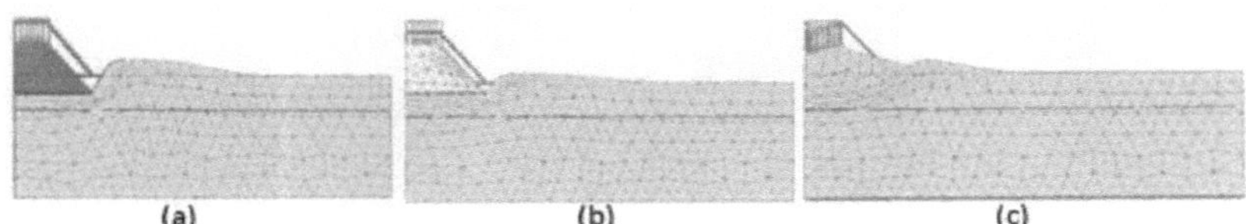

Figura 5.42: Malha deformada de um aterro de 6 m de altura com (a) EPGM (b) geo-espuma de EPS (c) mistura de solo e escória de aço

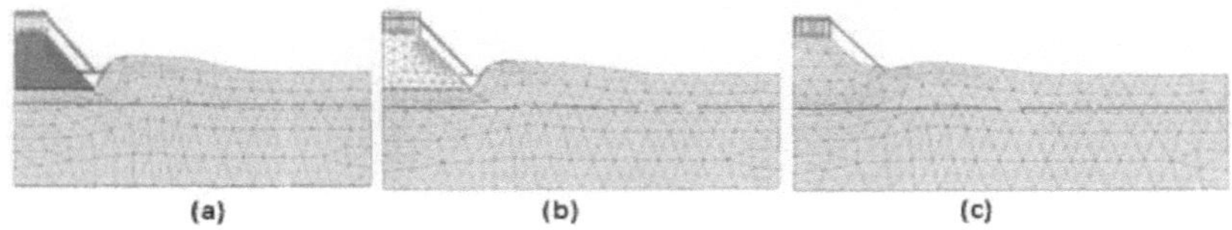

Figura 5.43: Malha deformada de um aterro de 7 m de altura com (a) EPGM (b) geo-espuma de EPS (c) mistura de solo e escória de aço

O diagrama de deslocamento total dos aterros de altura 4 m, 5 m, 6 m e 7 m é apresentado nas Figuras 5.44, 5.45, 5.46 e 5.47, respetivamente. Os valores do deslocamento total são apresentados na Tabela 5.11. O valor do deslocamento total aumenta com o aumento da altura. A mistura solo/escória de aço tem um valor de deslocamento mais elevado do que os outros dois materiais. A geo-espuma EPS tem um valor de deslocamento inferior porque é um material leve. O EPGM tem um valor de deslocamento inferior ao da mistura solo/escória de aço e um valor de deslocamento comparativamente superior ao da geo-espuma de EPS. A inclusão de geotêxtil entre o material de enchimento do aterro e o solo de fundação reduz o deslocamento total e aumenta a estabilidade do aterro.

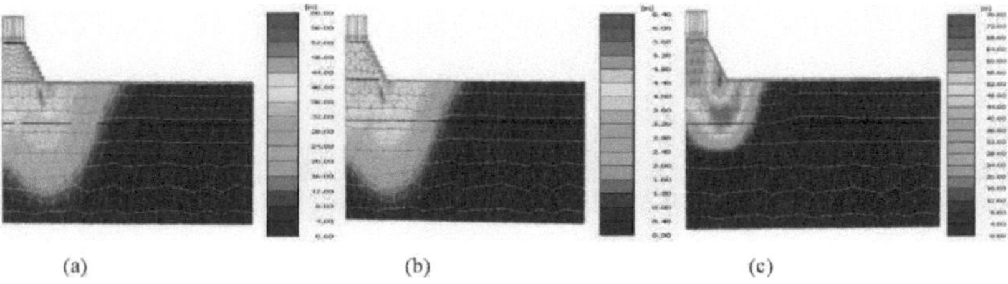

Figura 5.44: Diagrama de deslocamento total de um aterro de 4 m de altura com (a) EPGM (b) geo-espuma de EPS (c) mistura de solo e escória de aço

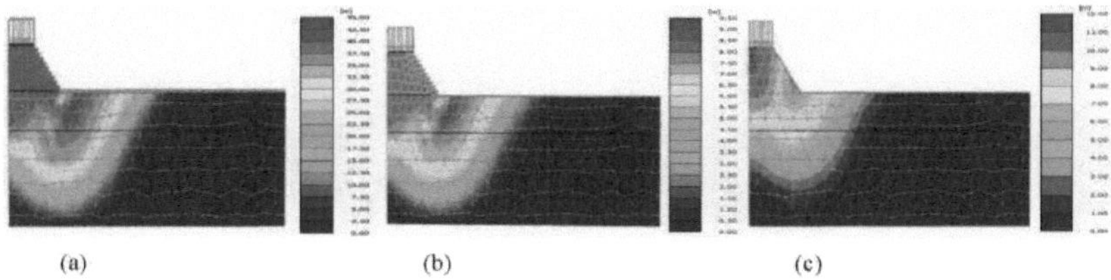

Figura 5.45: Malha deformada de um aterro de 5 m de altura com (a) EPGM (b) geo-espuma de EPS (c) mistura de solo e escória de aço

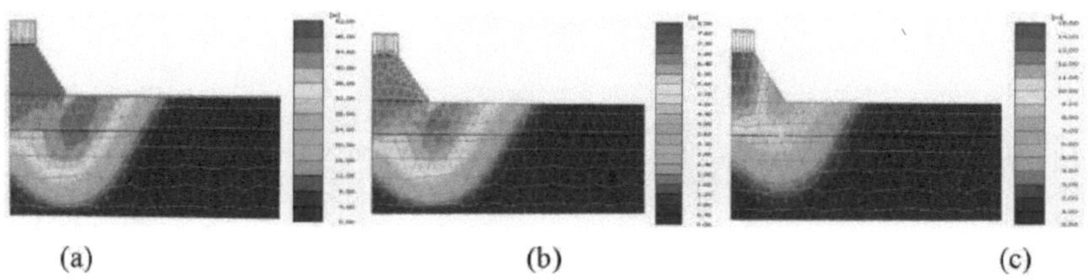

Figura 5.46: Malha deformada de um aterro de 6 m de altura com (a) EPGM (b) geo-espuma de EPS (c) mistura de solo e escória de aço

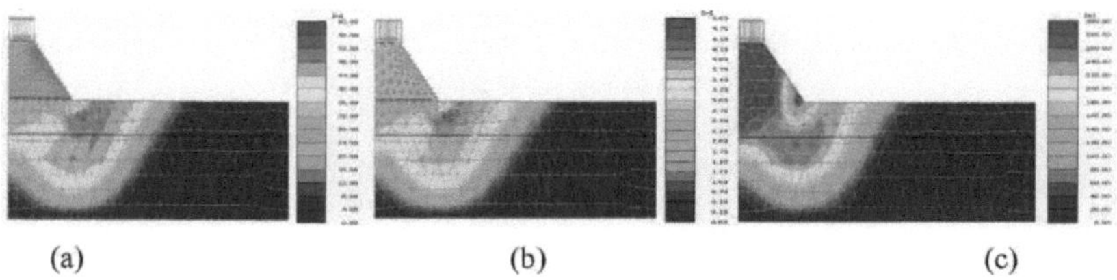

Figura 5.47: Malha deformada de um aterro de 7 m de altura com (a) EPGM (b) geo-espuma de EPS (c)

Mistura de solo e escória de aço

O fator de segurança e os valores de deslocamento dos aterros foram determinados utilizando o software Plaxis 3D. O fator de segurança obtido através do método de redução da resistência e os valores do fator de segurança obtidos estão de acordo com a fase de rotura. Os resultados obtidos através da análise de elementos finitos são apresentados no Quadro 5.12. Os valores do fator de segurança e o valor do deslocamento total dos aterros de diferentes alturas são apresentados no Quadro 5.12.

Tabela 5.12: Valores do fator de segurança e do deslocamento total dos aterros

Height of the embankment	EPGM		EPS geofoam		Soil-steel slag mix	
	Factor of safety	Total displacement (m)	Factor of safety	Total displacement (m)	Factor of safety	Total displacement (m)
4 m	2.376	0.099	8.850	0.0295	1.726	0.2983
5 m	2.021	0.159	8.653	0.0346	1.479	0.2991
6 m	1.827	0.192	8.435	0.0409	1.316	0.3454
7 m	1.750	0.212	8.212	0.0567	1.198	0.5554

A variação do fator de segurança com a altura do aterro é apresentada na Figura 5.48. Pode deduzir-se que o valor do fator de segurança diminui com o aumento da altura do aterro, uma vez que a geo-espuma de EPS é um material muito leve e apresenta um fator de segurança muito elevado. No caso do aterro de geo-espuma de EPS, o fator de segurança tem apenas uma pequena variação com a variação da altura do aterro e o aterro foi estável em todos os quatro casos. O aterro de EPGM tem um fator de segurança inferior ao da geo-espuma de EPS, é um material de densidade média e é estável para todas as alturas do aterro. A mistura de solo e escória de aço tem o menor valor do fator de segurança entre os três materiais. O aterro de escória de aço-solo foi estável para 4 m de altura (FS=1,726) em todos os outros casos, os valores do fator de segurança são inferiores a 1,5.

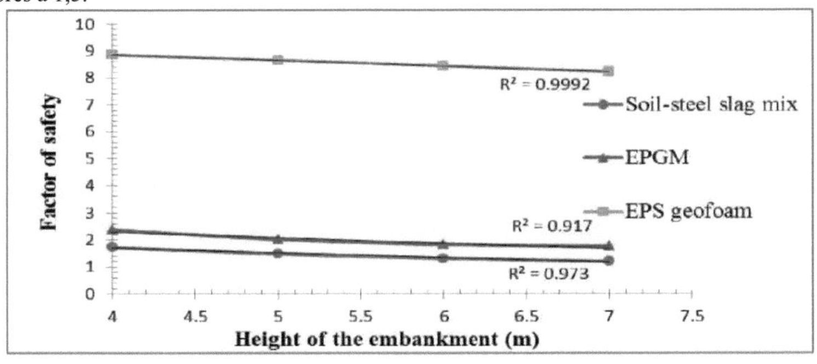

Figura 5.48: Variação do fator de segurança com a altura do aterro

A variação do deslocamento horizontal (deslocamento na direção x) com a altura dos aterros é apresentada na Figura 5.49. A figura mostra que o deslocamento horizontal do aterro de escória de aço-solo varia exponencialmente. No caso do aterro com EPGM, a variação do deslocamento horizontal da geo-espuma de EPS é linear e o valor do deslocamento é muito inferior ao da mistura solo-escória de aço. A variação do deslocamento horizontal no caso da geo-espuma de EPS é comparativamente insignificante.

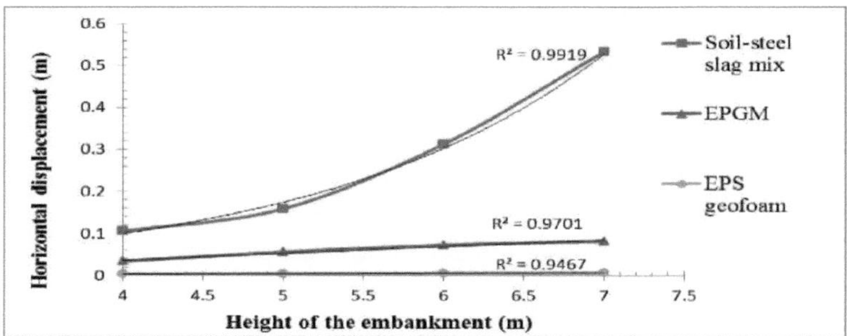

Figura 5.49: Variação do deslocamento horizontal com a altura do aterro

A variação do deslocamento lateral (deslocamento na direção Y com a altura do aterro) é apresentada na Figura 5.50. No modelo de aterro, os valores obtidos para o deslocamento lateral são muito baixos. Uma vez que o modelo é de deformação plana, isto significa que apenas ocorre uma deformação negligenciável na direção lateral. Os valores de deslocamento lateral da mistura solo/escória de aço e da geo-espuma de EPS seguem a variação polinomial e o EPGM segue a variação linear.

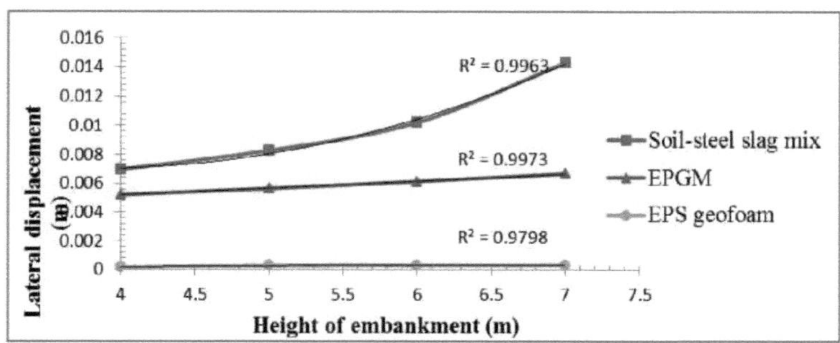

Figura 5.50: Variação do deslocamento lateral com a altura do aterro

A variação do deslocamento vertical (deslocamento na direção Z) com a altura do aterro é apresentada na Figura 5.51. A mistura de solo e escória de aço tem um valor de deslocamento mais elevado do que os outros materiais e a geo-espuma de EPS tem um valor de deformação vertical comparativamente insignificante.

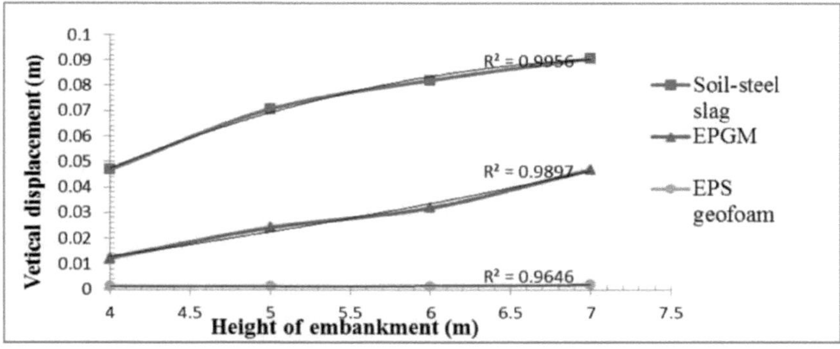

Figura 5.51: Variação do deslocamento vertical com a altura do aterro.

A variação do deslocamento total com a altura do aterro é apresentada na Figura 5.52. A variação do deslocamento total nos três aterros segue uma tendência polinomial. A mistura de solo e escória de aciaria tem um valor elevado de deslocamento total devido ao seu elevado valor de densidade, em comparação com os outros dois materiais leves.

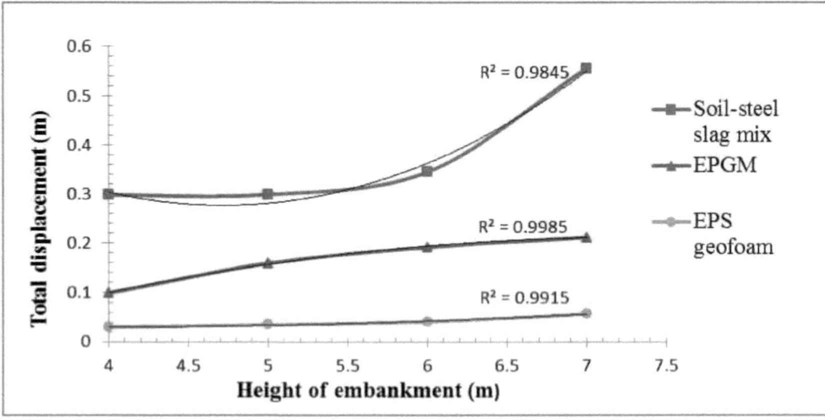

Figura 5.52: Variação do deslocamento total com a altura do aterro

5.8 Resumo

Com base na análise numérica de diferentes modelos, podem ser tiradas as seguintes conclusões.

- O fator de estabilidade obtido para a mistura de escória de aço e solo é superior ao do material de enchimento normal. Assim, o material de escória de aço-solo é um material melhor para a construção de aterros de auto-estradas.

- A adição de Geotêxtil aumenta o fator de segurança e diminui o assentamento, pelo que o Geotêxtil pode ser utilizado para estabilizar o aterro. O fator de segurança aumenta com o aumento da resistência à tração do reforço do geotêxtil.

- O aterro reforçado com uma mistura de solo e escória de aço sobre uma camada de argila mole e uma camada de areia foi estável mesmo até uma altura de 6 m, uma vez que o fator de segurança é superior a 1,5. No entanto, o aterro com enchimento natural só foi estável até uma altura de 4 m

- No caso da mistura de solo e escória de aço, o fator de segurança aumenta com o aumento da rigidez elástica do geotêxtil. No caso do material de enchimento natural, o fator de segurança aumenta até um determinado valor de rigidez elástica (100-300 kN/m), após o que o fator de segurança se mantém constante.

- O deslocamento total, o deslocamento horizontal, o deslocamento lateral e o deslocamento vertical diminuem com o aumento da rigidez, o que pode ser devido à redução da tensão pelo geotêxtil quando a rigidez aumenta, a redução da tensão também aumenta, pelo que o deslocamento é reduzido.

- A modelação do aterro em duas camadas de solo argiloso constituído por uma mistura de solo e escória de aço foi estável até uma altura de 5 m com a adição de geotêxtil. O aterro constituído por uma mistura de solo e escória de cobre foi estável até uma altura de 3 m com a adição de geotêxtil.

- O aterro constituído por uma mistura de solo e escória de cobre ficou estável com a adição de geocélulas

- A estabilização com geocélulas aumenta a estabilidade do aterro através do aumento do fator de segurança e da redução do deslocamento.

- O material de aterro, a mistura de solo e escória de aço e a geo-espuma EPGM e EPS são adequados para a construção de aterros de 4 m de altura. A geo-espuma EPGM e EPS é estável para aterros de 5m, 6m e 7m de altura.

- O aterro de altura 5 m, 6 m, 7m feito de mistura de solo e escória de aço sobre argila mole exigiu a estabilização adicional usando geotêxtil de maior rigidez elástica.

- A geo-espuma EPS e o EPGM foram adequados para a construção de aterros em solos moles. O aterro de geo-espuma EPS tem um fator de segurança 4 vezes superior ao do EPGM e 6,5 vezes superior ao da mistura de solo e escória de aço.

- A mistura de escória de aço do solo, a geo-espuma EPS e o EPGM podem ser utilizados como material de enchimento de aterros construídos em solo macio. Assim, a utilização de material de enchimento natural pode ser minimizada.

- A análise do deslocamento total mostra que a mistura de solo e escória de aço tem valores de deslocamento elevados e a geo-espuma tem valores de deslocamento insignificantes

Capítulo 6
Análise da estabilidade de taludes com recurso a algoritmos genéticos

6.1 Geral

A estabilidade do aterro da autoestrada foi analisada utilizando o método do algoritmo genético baseado no equilíbrio limite. O fator de segurança do aterro constituído por uma mistura de solo e escória de aço e por material de enchimento natural foi calculado e o resultado foi comparado com o valor do fator de segurança obtido através do método dos elementos finitos.

6.2 Análise da estabilidade de taludes

A estabilidade de taludes é um problema importante na engenharia geotécnica, tendo um elevado significado em situações práticas. A solução de engenharia para os problemas de estabilidade de taludes requer uma boa compreensão das situações analíticas. Os métodos populares de análise da estabilidade de taludes são classificados principalmente em dois: o método do equilíbrio limite e o método dos elementos finitos. No método do equilíbrio limite, a estabilidade do talude é determinada com base na superfície de deslizamento crítica com um fator de segurança mínimo. O principal objetivo da análise da estabilidade de taludes é contribuir para a conceção segura e económica de escavações, aterros e barragens de terra, estruturas de retenção, etc. A rutura de um talude ocorre por várias razões, como a fraqueza do solo de fundação, a carga pesada sobre a estrutura, o declive acentuado e a obstrução por outras estruturas feitas pelo homem, como condutas, edifícios, etc., pelo que a análise da estabilidade do talude é importante para salvar vidas e reduzir outras catástrofes. A análise deve ser fiável e economicamente viável, pelo que deve ser escolhido o método mais adequado para a análise da estabilidade. O método escolhido deve identificar as condições de segurança actuais e futuras.

Foram desenvolvidos vários métodos de equilíbrio limite (LE) para a análise da estabilidade de taludes. Fellenius (1936) sugeriu o primeiro método de estabilidade de taludes. Este método é conhecido como método ordinário de estabilidade de taludes. Bishop (1955) sugeriu um método avançado, considerando a relação das forças normais de base. Janbu (1954a) desenvolveu um método simplificado de análise da estabilidade de taludes para superfícies de rotura não circulares. Posteriormente, Morgenstern-Price (1965), Spencer (1967), Sarma (1973) e vários outros deram outros contributos com diferentes pressupostos para as forças intersticiais.

Low (1989) sugeriu um método para determinar a estabilidade do talude com base em critérios de estabilidade rotacional, utilizando o conceito de equilíbrio limite. Mais tarde, Kaniraj (1994) modificou este método para o aterro reforçado. Os diferentes métodos de análise da estabilidade de taludes e os seus pressupostos sugeridos pelos investigadores são apresentados no Quadro 6.1. As principais desvantagens de todos estes métodos são o facto de os valores obtidos após o processo de análise poderem ser o valor mínimo local. A probabilidade de obter o valor mínimo global é menor. Este problema pode ser resolvido utilizando o algoritmo genético como ferramenta de análise. O valor do algoritmo genético converge para o valor mínimo global através do processo de iteração.

Quadro 6.1: Diferentes métodos de análise da estabilidade de taludes e seus pressupostos

Methods	Assumption
Ordinary method	Interslice forces are neglected
Bishop's simplified/modified	Resultant interslice forces are horizontal. There are no interslice shear forces.
Janbu's simplified	Resultant interslice forces are horizontal. An empirical correction factor is used to account for interslice shear force
Janbu's generalized	An assumed line of thrust is used to define the location of the interslice normal force
Spencer	The resultant interslice forces have constant slope throughout the sliding mass.
Lowe and Karafiath	The direction of the resultant interslice force is equal to the average of the ground surface and the slope of the base of each slice
Corps of Engineers	The resultant interslice force is either parallel to the ground surface or equal to the average slope from the beginning to the end of the slip surface..
Morgenstern-Price	The direction of the resultant interslice forces is defined using an arbitrary function. The fractions of the function value needed for force and moment balance is computed.

6.3 Algoritmo genético

Os algoritmos genéticos são uma classe particular de algoritmos evolutivos (EA) que utilizam técnicas inspiradas na biologia evolutiva, como a herança, a mutação, o cruzamento e a seleção natural. Os algoritmos genéticos são normalmente implementados em que uma população de representações abstractas (denominadas cromossomas) de soluções viáveis (denominadas indivíduos) para um problema de otimização evolui para melhores soluções. A evolução começa a partir de uma população de indivíduos completamente aleatórios e ocorre em gerações. Em cada geração, a aptidão de toda a população é avaliada, vários indivíduos são seleccionados estocasticamente da população atual com base na sua aptidão e modificados (mutados ou recombinados) para formar uma nova população, que se torna atual na iteração seguinte. Uma solução para um problema é representada por uma lista de parâmetros, denominados cromossomas, que são normalmente representados por cadeias simples de dados e instruções. Inicialmente, vários destes indivíduos são gerados aleatoriamente para formar a primeira população inicial. Durante cada geração sucessiva, cada indivíduo é avaliado e um valor de aptidão é devolvido por uma função de aptidão. A população é ordenada, com os indivíduos com melhor aptidão (representando melhores soluções para o problema). Para cada indivíduo a ser produzido na etapa seguinte, é selecionado um par de organismos progenitores para reprodução. A seleção é tendenciosa para os elementos da geração inicial que têm melhor aptidão, embora normalmente não seja tão tendenciosa que os elementos mais pobres não tenham qualquer hipótese de participar, a fim de evitar que a população convirja demasiado cedo para uma solução subóptima ou local. Os organismos são recombinados de acordo com esta probabilidade. O cruzamento dá origem a dois novos cromossomas filhos, que são adicionados à população da geração seguinte. Os cromossomas dos progenitores são misturados durante o cruzamento, normalmente através da simples troca de uma parte dos dados subjacentes. Este processo é repetido com diferentes organismos progenitores até existir um número adequado de soluções candidatas na população da geração seguinte. O passo seguinte é a mutação da descendência recém-criada. Os algoritmos genéticos típicos têm uma probabilidade fixa e muito pequena de mutação, da ordem de 0,01 ou menos. Com base nesta probabilidade, o cromossoma do novo organismo filho sofre uma mutação aleatória. Estes processos acabam por resultar na população de cromossomas da geração seguinte, que é diferente da geração inicial. Geralmente, a aptidão média da população terá aumentado com este procedimento, uma vez que apenas os melhores organismos da primeira geração são seleccionados para reprodução. Este processo de geração repete-se até uma condição de terminação. O fluxograma de funcionamento do algoritmo genético é apresentado na Figura 6.1.

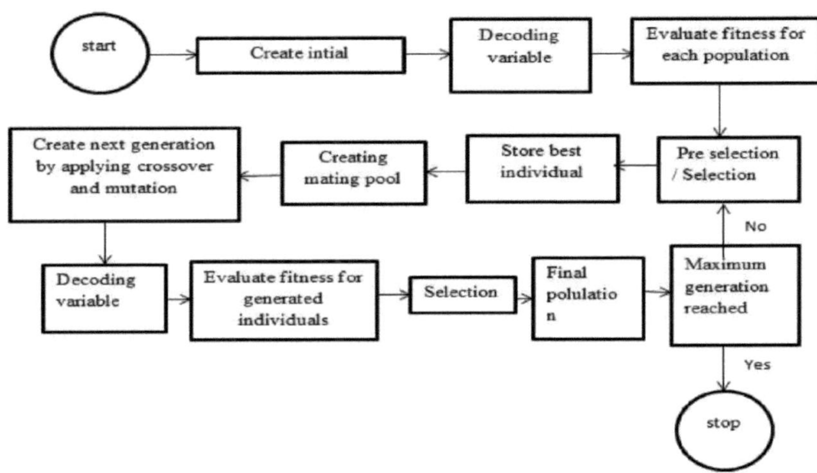

Figura 6.1: Fluxograma de funcionamento do algoritmo genético

6.4 Metodologia

A análise da estabilidade de um aterro com recurso a um algoritmo genético inclui duas fases de análise. A primeira fase é o desenvolvimento da função objetivo. A função objetivo é utilizada para calcular o fator de segurança com base nas restrições. Neste estudo, a função objetivo é a equação do fator de segurança em termos das coordenadas do centro do círculo de deslizamento e da profundidade limite do círculo de deslizamento crítico. A segunda fase consiste em encontrar o valor mínimo do fator de segurança utilizando o processo do algoritmo genético, como a seleção, a mutação e o cruzamento.

6.4.1 Desenvolvimento da função objetivo

No presente estudo, o fator de segurança do talude de aterro é derivado com base no método de equilíbrio de momentos. A Figura 6.2 mostra o diagrama esquemático do círculo de deslizamento crítico do aterro assente em solo mole. Os pressupostos no desenvolvimento da função objetivo são que a superfície de rotura crítica tem uma forma circular e que a rotura rotacional da base ocorre através do círculo de deslizamento crítico. As limitações no desenvolvimento da equação são que esta equação é válida para aterros assentes em solos moles e o fator de segurança foi calculado apenas com base no critério de equilíbrio de momentos. Desenvolveu-se a equação em termos de três variáveis desconhecidas, tais como D (distância entre a superfície do solo e a tangente limite), X, Y (coordenadas do centro do círculo de deslizamento). Assumiu-se que o círculo de deslizamento crítico passa pela BOCF.

6.4.1 (a) Função objetivo Aterro não reforçado

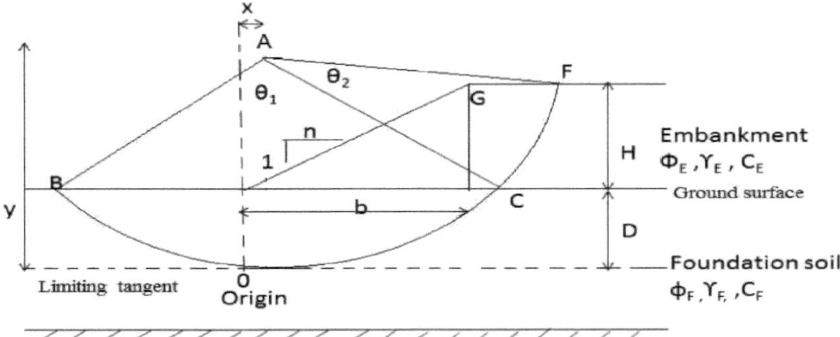

Figura 6.2: Círculo de deslizamento crítico do aterro não reforçado

Para o círculo de deslizamento arbitrário representado na figura ABOF, como mostra a Figura 6.2, a tangente limite é assumida a uma profundidade D da superfície do solo. O fator de segurança (F) do talude de aterro é dado por

$$\text{Factor of safety (F)} = \frac{\text{Total resisting moment (MR)}}{\text{Total over turning moment (MO)}}$$

O momento resistente total (MR) é constituído por dois componentes e pode ser escrito como (equação 1, 4 e 5)

$$MR = MRF + MRE \quad \text{...(1)}$$

MRF= Momento devido à força de resistência no solo da fundação ao longo do círculo de deslizamento BOC (equação 2)

MRE = Momento devido à força de resistência no aterro ao longo da superfície de deslizamento CF (equação 3)

Da Figura 2

$$MR_F = Y * (C_F * \theta_1 * Y) \quad \text{...} \quad (2)$$

$$MR_E = Y * (C_E + \lambda \, Y_E H Tan(\theta_E)) * \theta_2 Y \quad \text{...} \quad (3)$$

$$MR = Y * (C_F * \theta_1 * Y) + Y * (C_E + \lambda \, Y_E H Tan(\theta_E)) * \theta_2 Y \quad \text{.................................} \quad (4)$$

MR is expressed as (Low 1989)

$$MR = (Y^2 * C_F * 3.06 * (\tfrac{D}{Y})^{0.53}) + Y^2 * (C_E + \lambda \, Y_E H tan(\theta_E)) * 1.53 * [(\tfrac{D+H}{Y})^{0.53} - (\tfrac{D}{Y})^{0.53}] \quad \text{...............} \quad (5)$$

Onde

CF = coesão do solo de fundação

H= altura do aterro

CE = coesão do material de aterro

ΘE = ângulo de atrito do material de aterro

YE= densidade seca do material de enchimento do aterro

D= profundidade da tangente limite abaixo da superfície do solo

λ= coeficiente médio de tensão de atrito no aterro (equação 6)

λ é dado por (Low, 1989)

$$\lambda = 0.19 + \frac{0.02n}{\left(\frac{D}{H}\right)} \text{ for (D/H)} \geq 0.5 \dots\dots\dots\dots\dots\dots\dots \tag{6}$$

O momento de derrube total (MO) consiste nos momentos devidos à massa do solo na região JGFC, dados por (Low,1989) (equação 7)

$$MO = \left[\tfrac{1}{2}X\,(l-X) - \tfrac{1}{6}l^2 + Y\left(D + \tfrac{H}{2}\right) - \tfrac{1}{2}\left(D + \tfrac{H}{2}\right)^2 - \tfrac{H^2}{24}\right]Y_EH \dots\dots\dots\dots\dots \tag{7}$$

6.4.1 b) Função objetivo de um aterro reforçado
O diagrama esquemático da superfície de deslizamento crítica de um aterro reforçado construído sobre solo mole é apresentado na Figura 6.3

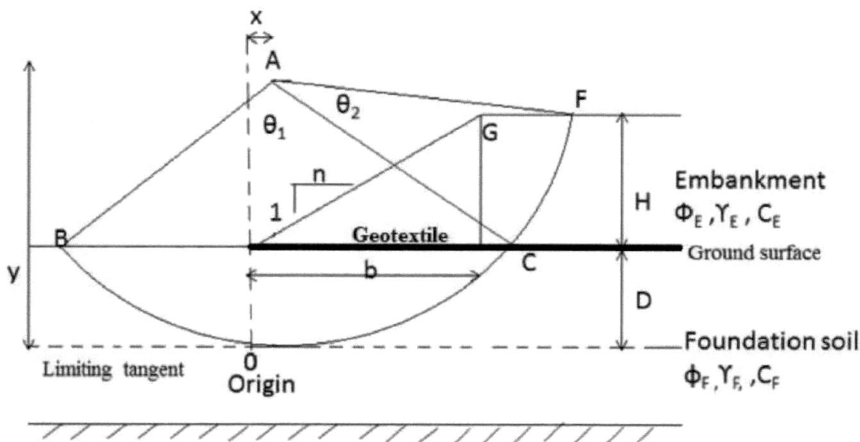

Figura 6.3 : Círculo de deslizamento crítico para aterro reforçado

Para o círculo de deslizamento arbitrário representado na Figura 6.3. Como mostra a figura, a tangente limite é assumida a uma profundidade D da superfície do terreno. O fator de segurança (F) do talude de aterro é dado por

$$\text{Factor of safety (F)}= \frac{\text{Total resisting moment (MR)}}{\text{Total over turning moment (MO)}}$$

O momento resistente total (MR) é constituído por três componentes e pode ser escrito como (equações 8, 10 e 11)

$$MR = MR_F + MR_E + MR_R \quad \text{...} \quad (8)$$

MR_F = Momento devido à força de resistência no solo da fundação ao longo do círculo de deslizamento BOC (equação 2)

MRE = Momento devido à força de resistência no aterro ao longo da superfície de deslizamento CF (equação 3)

MR_R = momento devido à força de resistência oferecida pelo geotêxtil (equação 9)

Da figura

$$MR_F = Y* (C_F*\theta_1*Y) \quad \text{...} \quad (2)$$

$$MR_E = Y* (C_E + \lambda\ \Upsilon_E HTan(\theta_E))*\theta_2 Y \quad \text{................................} \quad (3)$$

$$MR_R = T*(Y-D) \quad \text{...} \quad (9)$$

$$MR = Y* (C_F*\theta_1*Y) + Y* (C_E + \lambda\ \Upsilon_E HTan(\theta_E))*\theta_2 Y + T*(Y-D) \quad \text{..................} \quad (10)$$

MR é expresso como (Low 1989)

$$MR = (Y^2*C_F*3.06*(\tfrac{D}{Y})^{0.53}) + Y^2*(C_E + \lambda\ \Upsilon_E H\tan(\theta_E))*1.53*[(\tfrac{D+H}{Y})^{0.53} - (\tfrac{D}{Y})^{0.53}] + T*(Y-D) \quad \text{.....} \quad (11)$$

Onde

C_F = coesão do solo de fundação

H = altura do aterro

CE = coesão do material de aterro

ΘE = ângulo de atrito do material de aterro

γE= densidade seca do material de enchimento do aterro

D= profundidade da tangente limite abaixo da superfície do solo

T= resistência à tração da armadura

λ= coeficiente médio de tensão de atrito no aterro

O momento de derrube total (MO) consiste nos momentos devidos à massa do solo na região JGFC, dado por (Low,1989), que é igual à equação 7

1.1.2 Seleção

O operador de seleção tem a função de determinar os indivíduos mais aptos para servirem de progenitores que irão criar a descendência para a geração seguinte. A seleção é feita com base na aptidão relativa. Os cromossomas com um valor de aptidão elevado têm mais hipóteses de serem seleccionados para gerar filhos para a geração seguinte. Isto implica geralmente que o melhor cromossoma não se perde se não for selecionado na reprodução ou se for destruído por cruzamento ou mutação. Neste estudo, foi adotado o processo de seleção por roleta

1.1.3 Cruzamento e mutação

O operador de crossover de ponto único é utilizado neste estudo e o procedimento de mutação de inversão aleatória é utilizado

6.5 Modelo de aterro

O aterro da autoestrada com uma largura de 8 metros e um declive lateral de 2:1 foi modelado utilizando o software Plaxis 3D baseado em elementos finitos. Uma vez que o aterro é simétrico em relação à linha central, apenas metade da parte do aterro foi modelada. Foi utilizada uma carga de sobrecarga nominal de 30 kN/m^2 para modelar a carga do tráfego. Foram modelados aterros de três alturas diferentes, entre 4 e 6 m. A estabilidade do aterro foi analisada com e sem geotêxtil de várias gamas de rigidez elástica de 50kN/m a 1500kN/m. (O modelo de aterro é o mesmo do caso 1 do Capítulo 5)

6.6 Propriedade do material

O estudo do aterro baseou-se em dois tipos de material de aterro: um é uma mistura de solo e aço (30% de solo com 70% de escória) e o outro é um material de aterro tradicional. As propriedades do material de enchimento do aterro e do solo de fundação são as mesmas do caso 1 do capítulo 5. Para a análise, foi utilizado um geotêxtil com diferentes rigidezes elásticas, de 50 kN/m a 1500 kN/m.

6.7 Funcionamento do algoritmo genético

O cálculo da estabilidade do talude de aterro pode ser calculado utilizando a função objetivo derivada para aterros reforçados e não reforçados. O fator de segurança é calculado utilizando o algoritmo genético. O funcionamento básico do algoritmo genético para o cálculo da estabilidade de taludes é ilustrado utilizando cinco amostras de população nos quadros seguintes. No quadro 6.2, com base nos valores X, Y e D assumidos aleatoriamente, foi determinado o valor de aptidão de cada espaço de amostra. A partir daí, as amostras mais aptas são seleccionadas para a geração seguinte, ou seja, para o próximo grupo de acasalamento. Nos quadros 6.3 e 6.4, a amostra selecionada no grupo de acasalamento passou por um cruzamento e produziu a geração seguinte. Tabela 6.5 e 6.6 o mesmo procedimento é repetido para os descendentes recém-formados.

Tabela 6.2: Primeira geração do algoritmo genético

Strin g no	Initial population of X	Real value of X	Initial population of X	Real value of Y	Initial populatio n of D	Real value of D	F.S	F.S/$\sum$F.S
1	01100000	9.8	01010000	8	00100100	3.6	2.32	0.29092
2	00111110	6.2	00111100	6	00010100	2	1.87	0.234189
3	00101000	4	00110100	5.2	00010000	1.6	1.61	0.2016
4	00100011	3.5	00101000	4	00001010	1	1.31	0.1640
5	00001010	1	00011110	3	00000101	.5	.872	0.1092

Tabela 6.3: Algoritmo genético de segunda geração de X,Y

Mating pool of X	Mating string	Cross over site	New offspring of X	Mating pool of Y	Mating string	Cross over site	New offspring of Y
00001010	5	5	00001110	00011110	5	5	00011100
00001010	4	6	00001000	00011110	4	6	00011100
00100011	1	5	00100110	00101000	1	5	00101110
00101000	2	6	00101010	00110100	2	6	00110110
00111110	3	5	00111011	00111100	3	5	00111000

<u>**Tabela 6.4**</u>: Algoritmo genético de segunda geração de D

Mating pool of D	Mating string	Cross over site	New offspring D	Real value of X	Real value of Y	Real value of D	F.S	F.S/ $\sum$F.S
00000101	5	5	00000100	1.4	2.8	0.4	0.825	0.128
00000101	4	6	00000000	0.8	2.8	0.1	0.714	0.111
00001010	1	5	00001010	3.8	4.6	1	1.445	0.224
00010000	2	6	00010010	4.2	5.4	1.8	1.666	0.258
00010100	3	5	00010010	5.9	5.6	1.8	1.781	0.276

Tabela 6.5: Terceira geração do algoritmo genético de X,Y

Mating pool of X	Mating string	Cross over site	New offspring X	Mating pool of Y	Mating string	Cross over site	New offspring
00001000	5	5	00001010	00011100	5	5	00011110
00001000	4	6	00001010	00011100	4	6	00111110
00001110	1	5	00001000	00011100	1	5	00011100
00100110	2	6	00100100	00101110	2	6	00101100
00101010	3	5	00101110	00110110	3	5	00110100

Tabela 6.6: Algoritmo genético da terceira geração de D

Mating pool of D	Mating string	Cross over site	New offspring D	Real value of X	Real value of Y	Real value of D	F.S	F.S/$\sum$F.S
00000000	5	5	00000010	1	3	.2	0.804	0.128
00000000	4	6	00000010	1	6.2	.2	1.595	0.255
00000100	1	5	00000000	.8	2.8	.1	0.714	0.114
00001010	2	6	00001000	3.6	4.4	1.6	1.458	0.233
00010010	3	5	00010100	4.6	5.2	2	1.671	0.267

6.8 Algoritmo genético (GA) utilizando Solve XL

O Solve XL é um suplemento para o Microsoft Excel que utiliza algoritmos evolutivos para resolver problemas de otimização complexos. A aplicação é escrita em C++ e explora uma interface COM para interagir com o Microsoft Excel. **O Solve XL** pode ser utilizado e implementa muitos tipos de algoritmos genéticos de objetivo único e múltiplo. A Figura 6.4 mostra a janela de dados de entrada do Solve XL e a Figura 6.5 mostra a janela de cálculo do Solve XL.

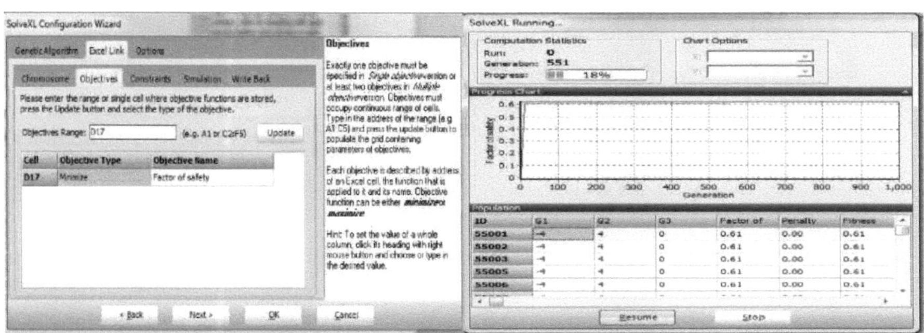

Figura 6.4: A janela de dados de entrada do Solve XL **Figura 6.5**: A janela de cálculo do Solve XL

6.9 Resultados do algoritmo genético

A análise da estabilidade de um aterro de altura variável com diferentes materiais de enchimento foi efectuada com o Solve XL. Os resultados estão tabelados na Tabela 6.7. Para a mistura de solo e escória de aço, o fator de segurança variou entre 1,100 e 0,867, de acordo com as alterações na altura de 4 m a 6 m. Para o material de enchimento natural, o fator de segurança variou de 0,763 a 0,520 de acordo com a variação da altura de 4 m a 6 m.

Tabela 6.7: Valores do fator de segurança de diferentes alturas de aterro

SL.NO	Height of embankment (m)	Material	Factor of safety
2	4	Soil-steel slag mix	1.100
3	5	Soil-steel slag mix	1.022
4	6	Soil-steel slag mix	0.867
7	4	Natural fill material	0.763
8	5	Natural fill material	0.651
9	6	Natural fill material	0.520

A análise da estabilidade foi efectuada em aterros reforçados com geotêxteis de diferentes rigidezes elásticas. O estudo foi realizado em três alturas diferentes de aterro, de 4 m a 6 m. A variação do fator de segurança em relação à rigidez elástica do aterro feito de mistura de escória de aço-solo é apresentada na Tabela 6.8. A variação do fator de segurança em relação à rigidez elástica do aterro feito de enchimento natural é apresentada na Tabela 6.9. Com o aumento da rigidez elástica, o fator de segurança aumenta no caso da mistura de solo e escória de aço. No caso do material de enchimento natural, o fator de segurança aumenta com o aumento da rigidez elástica até um determinado ponto, após o qual se torna constante. A Figura 6.6 mostra a variação do fator de segurança com a rigidez elástica obtida a partir da análise GA

Tabela 6.8: Valores do fator de segurança do aterro feito de mistura de solo e escória de aço com rigidez elástica variável do geotêxtil

Elastic stiffness of geotextile (kN/m)	4m height embankment	5m height embankment	6m height embankment
	Factor of safety		
0	1.101	1.020	0.867
50	1.170	1.201	0.969
100	1.304	1.250	1.139
150	1.481	1.301	1.195
200	1.580	1.342	1.245
250	1.682	1.362	1.295
300	1.791	1.456	1.345
400	1.864	1.687	1.445
500	1.940	1.780	1.541
600	2.020	1.895	1.646
800	2.068	1.970	1.838
1000	2.121	2.041	1.850
1500	2.230	2.120	1.981

Tabela 6.9: Valores do fator de segurança do aterro feito de enchimento natural com rigidez elástica variável do geotêxtil

Elastic stiffness of geotextile (kN/m)	4m height embankment	5m height embankment	6m height embankment
	Factor of safety		
0	0.799	0.651	0.520
50	0.809	0.689	0.526
100	0.956	0.741	0.727
150	1.052	0.941	0.891
200	1.240	1.130	1.021
250	1.290	1.210	1.070
300	1.331	1.265	1.121
400	1.356	1.335	1.160
500	1.386	1.370	1.266
600	1.386	1.370	1.360
800	1.386	1.370	1.360
1000	1.386	1.370	1.360
1500	1.386	1.370	1.360

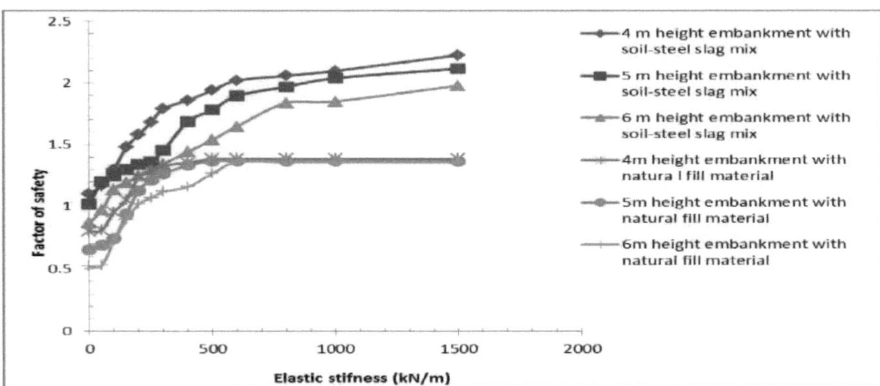

Figura 6.6: Variação do fator de segurança com a rigidez elástica obtida a partir da análise GA

6.10 Comparação dos valores do fator de segurança obtidos com o Plaxis 3D e o algoritmo genético.

O software Plaxis 3D funciona com base no método dos elementos finitos. O método dos elementos finitos é uma ferramenta computacional muito poderosa na engenharia. O seu poder advém da capacidade de simular comportamentos físicos utilizando ferramentas computacionais sem a necessidade de simplificar o

111

problema. De facto, os problemas complexos de engenharia necessitam de métodos de elementos finitos para obter resultados mais fiáveis e precisos. Uma das vantagens dos elementos finitos em relação ao equilíbrio limite é o facto de não ser necessário assumir a forma ou a localização da superfície de rotura crítica. Além disso, o método pode ser facilmente utilizado com outros para calcular tensões, movimentos, pressões de poros em aterros e falhas induzidas por infiltração, bem como para monitorizar falhas progressivas. O método do equilíbrio limite é normalmente utilizado para a análise da estabilidade de taludes, sendo relativamente simples em comparação com a análise de elementos finitos. Os métodos de equilíbrio limite definem primeiro uma superfície de deslizamento proposta e depois a superfície de deslizamento é examinada para obter o fator de segurança, que é definido como o rácio entre a força de corte disponível e a força de corte mobilizada ao longo da superfície. Contudo, quando se utilizam métodos de equilíbrio limite para analisar taludes, podem ocorrer várias dificuldades computacionais e inconsistências numéricas na localização da superfície de deslizamento crítica.

Neste estudo, os resultados do método GA baseado no equilíbrio limite e do método de elementos finitos baseado no Plaxis mostram as mesmas tendências nos resultados. No método GA, a adição de geotêxtil melhora o fator de segurança do aterro. No caso da mistura solo/escória de aço, o fator de segurança aumenta com o aumento da rigidez elástica do geotêxtil. No caso do enchimento natural, o fator de segurança aumenta com a rigidez elástica até um determinado ponto, após o qual não há grande variação no fator de segurança. O mesmo padrão de resultados é obtido com o método dos elementos finitos. Ambos os gráficos apresentam o mesmo tipo de tendência. A variação do valor do fator de segurança do aterro constituído por uma mistura de solo e escória de aço e analisado pelo método GA e pelo método dos elementos finitos é apresentada na Tabela 6.10. A variação do valor do fator de segurança do aterro constituído por um aterro natural de soi e analisado através do método GA e do método dos elementos finitos é apresentada na Tabela 6.11. Os resultados mostram que a diferença percentual entre o método dos elementos finitos e o método do equilíbrio limite é inferior a 15%. No caso do material de enchimento natural sem geotêxtil, há uma grande variação no valor do fator de segurança. Comparando os dois métodos, o método GA é mais rápido do que o método dos elementos finitos, demora menos tempo a analisar e a utilização da memória é também inferior à do método dos elementos finitos. No método dos elementos finitos, é possível analisar o diagrama de rotura, o assentamento e as características de resistência ao corte das estruturas.

Quadro 6.10: Comparação dos valores do fator de segurança do aterro constituído por uma mistura de solo e escória de aço

Height of the embankment (m)	Elastic stiffness of geotextile (kN/m)	Factor of safety		Percentage difference (%)
		Plaxis 3D	Genetic algorithm method	
4	0	1.359	1.101	18.98
4	100	1.668	1.304	21.82
4	200	1.800	1.580	12.22
4	300	1.909	1.791	6.18
4	400	1.940	1.864	3.91
4	500	1.992	1.940	2.61
4	600	2.020	2.020	0
4	800	2.045	2.068	1.12
4	1000	2.055	2.121	3.21
4	1500	2.055	2.230	8.51
5	0	1.198	1.020	14.85
5	100	1.484	1.250	15.76
5	200	1.609	1.342	16.59
5	300	1.668	1.456	12.70
5	400	1.694	1.687	0.410
5	500	1.785	1.780	0.280
5	600	1.825	1.895	3.80
5	800	1.848	1.970	6.60
5	1000	1.890	2.041	7.98
5	1500	1.928	2.120	9.95
6	0	0.998	0.867	13.12

6	100	1.396	1.139	18.40
6	200	1.511	1.245	17.60
6	300	1.597	1.345	15.77
6	400	1.665	1.445	13.21
6	500	1.707	1.541	9.72
6	600	1.722	1.646	4.41
6	800	1.751	1.838	4.96
6	1000	1.823	1.850	1.48
6	1500	1.881	1.981	5.31

Tabela 6.11: Comparação dos valores do fator de segurança do aterro constituído por material de enchimento natural

Height of the embankment (m)	Elastic stiffness of geotextile (kN/m)	Factor of safety		Percentage difference (%)
		Plaxis 3D	Genetic algorithm method	
4	0	1.171	0.799	46.55
4	100	1.391	0.956	45.50
4	200	1.394	1.240	12.41
4	300	1.397	1.331	4.95
4	400	1.399	1.356	3.17
4	500	1.398	1.386	0.865
4	600	1.396	1.386	0.721
4	800	1.394	1.386	0.577
4	1000	1.392	1.386	0.432
4	1500	1.392	1.386	0.432
5	0	0.882	0.651	35.48
5	100	1.123	0.741	51.55
5	200	1.324	1.130	17.16
5	300	1.338	1.265	5.7

5	400	1.327	1.335	0.599
5	500	1.324	1.370	3.35
5	600	1.323	1.370	3.43
5	800	1.321	1.370	3.57
5	1000	1.32	1.370	3.64
5	1500	1.32	1.370	3.64
6	0	0.789	0.520	51.73
6	100	1.008	0.727	38.65
6	200	1.22	1.021	19.49
6	300	1.286	1.121	14.79
6	400	1.295	1.160	11.63
6	500	1.294	1.266	2.21
6	600	1.281	1.360	5.80
6	800	1.271	1.360	6.54
6	1000	1.266	1.360	6.91
6	1500	1.264	1.360	7.05

6.11 Resumo

A partir da análise do algoritmo genético, foi calculado o fator de segurança do aterro de diferentes alturas. A partir dos resultados, pode inferir-se que as escórias de solo e aço são um bom material de enchimento de aterros. A mistura solo/escória de aço apresenta um fator de segurança mais elevado do que o material de enchimento natural. O valor do fator de segurança aumenta à medida que aumenta o valor da rigidez elástica do geotêxtil. A mesma tendência é obtida também no método dos elementos finitos. A diferença no valor do fator de segurança obtido pelo método do equilíbrio limite e pelo método dos elementos finitos é inferior a 15%.

Capítulo 7
Conclusão

7.1 Principais conclusões

Com base na análise experimental da mistura estabilizada de solo e escória de aço, as seguintes conclusões são apontadas no presente estudo.

A escória de aço é um material não coesivo com características não plásticas, não inchadas e com elevada resistência ao cisalhamento, pelo que tem potencial para a construção de aterros.

A densidade seca máxima (MDD) das escórias de aço é superior à do solo, e o teor de humidade ótimo (OMC) das escórias é inferior ao do solo. Um aumento do teor de escória de aço na mistura resulta num aumento da MDD e numa diminuição do OMC

O rácio de suporte Califórnia da escória de aço é superior ao do solo Powai. O CBR embebido da escória de aço é quatro vezes superior ao CBR não embebido da escória devido à presença de material cimentício na escória. Ao aumentar a percentagem de escória de aço na mistura, o valor do CBR das misturas aumentou até um teor de escória de 30% e, com o aumento do teor de escória, o valor do CBR diminuiu até um teor de escória de 60%, embora, para além desse teor, o valor do CBR da mistura tenha aumentado novamente.

É encontrada uma relação linear entre as características de fricção de misturas com diferentes teores de escórias de aço. Um aumento do teor de escória na mistura resulta no aumento do ângulo de atrito, bem como na diminuição do valor de coesão da mistura

Devido à natureza não plástica da escória, um aumento da percentagem de escória de aço na mistura provoca a redução da plasticidade da mistura, melhorando assim a trabalhabilidade e a capacidade de retenção de humidade.

A estabilização com cimento foi feita na mistura optimizada com uma percentagem variável de cimento de 4 a 10%. Os valores de UCS e CBR das misturas aumentaram drasticamente com a adição de cimento devido à ocorrência da reação pozolânica.

A mistura com 30% de escórias e 4% de cimento satisfez os critérios de especificação MORTH para material de sub-base. A mistura com 30% de escória e 10% de cimento foi considerada adequada para material de sub-base. Todas as misturas estabilizadas com cimento foram consideradas adequadas para o material da camada de base.

Os valores de CBR e UCS da mistura escória-solo estabilizada com nano aumentaram até 2% de teor de nanosílica e depois diminuíram com o aumento do teor de nano.

A mistura quimicamente estabilizada com 30% de escória, 4% de cimento e 2% de nanosílica adquiriu um valor UCS máximo de 1736 kPa, que se aproximou do valor UCS de 1750 kPa para a mistura com 30% de escória e 10% de cimento sem nano. Assim, a adição de 2% de nanosílica pode substituir 6% de cimento.

Com base na análise numérica de diferentes modelos, podem ser tiradas as seguintes conclusões.

O fator de estabilidade obtido para a mistura de escória de aço e solo é superior ao do material de enchimento normal. Assim, o material de solo de escória de aço é um material melhor para a construção de aterros de auto-estradas.

A adição de geotêxtil aumenta o fator de segurança e diminui o assentamento, pelo que o geotêxtil pode ser utilizado para estabilizar o aterro. O fator de segurança aumenta com o aumento da resistência à tração do reforço do geotêxtil.

O aterro reforçado com uma mistura de solo e escórias de aço sobre camadas de argila mole e areia foi estável mesmo até uma altura de 6 m, dado que o fator de segurança é superior a 1,5. No entanto, o aterro com enchimento natural só foi estável até uma altura de 4 m. A modelação do aterro em duas camadas de solo argiloso constituído por uma mistura de solo e escória de aço foi estável até uma altura de 5 m com a adição de geotêxtil. O aterro constituído por uma mistura de solo e escórias de cobre foi estável até uma altura de 3 m com a adição de geotêxtil.

No caso da mistura de solo e escória de aço, o fator de segurança aumenta com o aumento da rigidez elástica do geotêxtil. No caso do material de enchimento natural, o fator de segurança aumenta até um determinado valor de rigidez elástica (100-300 kN/m), dando depois um valor constante de fator de segurança.

O deslocamento total, o deslocamento horizontal, o deslocamento lateral e o deslocamento vertical diminuem com o aumento da rigidez, o que pode ser devido à redução da tensão pelo geotêxtil quando a rigidez aumenta, a redução da tensão também aumenta, pelo que o deslocamento é reduzido.

A estabilização com geocélulas aumenta a estabilidade do aterro através do aumento do fator de segurança e da redução do deslocamento.

O material de enchimento do aterro, a mistura de escória de aço-solo e a geo-espuma EPGM e EPS são adequados para a construção de aterros de 4 m de altura. O aterro de altura 5 m, 6 m, 7 m feito de mistura de solo e escória de aço em argila macia exigiu a estabilização adicional usando geotêxtil de maior rigidez elástica.

Com base na análise da estabilidade do talude utilizando o método do algoritmo genético, obtêm-se as seguintes conclusões

As escórias de aço são um bom material de enchimento de aterros. A mistura solo/escória de aço apresenta um fator de segurança mais elevado do que o material de enchimento natural. O valor do fator de segurança aumenta com o aumento do valor da rigidez elástica do geotêxtil.

Os resultados da análise por elementos finitos e os valores da análise por algoritmo genético seguem a mesma tendência dos resultados. A diferença no valor do fator de segurança obtido pelo método do equilíbrio limite e pelo método dos elementos finitos é inferior a 15%. Por conseguinte, estes métodos podem ser utilizados para a análise de estabilidade

A partir da análise de elementos finitos e dos resultados da análise do algoritmo genético, conclui-se que o aterro feito de mistura de solo e escória de aço é estável com a adição de reforço, pelo que a mistura de solo e escória de aço pode ser utilizada como material de enchimento de aterros.

7.2 Limitações do presente estudo

- O estudo experimental e a simulação por elementos finitos têm limitações devido a pressupostos e dificuldades numéricas.
- No estudo numérico, o efeito do lençol freático não foi considerado. Assim, é necessário efetuar uma análise mais aprofundada, considerando o efeito do lençol freático.
- Os pressupostos utilizados na derivação da função objetivo do algoritmo genético também causam alguma variação no resultado
- A eficiência do software Solve XL é menor porque só pode realizar 100 iterações, o que também afecta o valor do fator de segurança.

7.3 Âmbito futuro do estudo

- Pode ser efectuado um estudo de ensaio à escala real ou em pequena escala para analisar o desempenho e a estabilidade de um aterro de escórias de aço-solo
- Para validação dos resultados obtidos com o Plaxis 3D, pode ser utilizado outro software de elementos finitos, como o Abacqus, para a análise da estabilidade do aterro
- Pode ser efectuado o ensaio em modelo reduzido da sub-base e da base da camada de base feita de escória de aço-solo.
- Para encontrar o fator de segurança do aterro constituído por geocélulas e geoespuma utilizando o algoritmo genético, pode ser feita uma derivação adicional da função objetivo com base no seu mecanismo de resistência.

Referência

1. Abusharar, S.W., Zheng, J.J. e Chen, B.G., 2009. Modelação por elementos finitos do comportamento de consolidação de um aterro rodoviário suportado por várias colunas. *Computadores e Geotecnia, 36*(4), pp.676-685.

2. Akinwumi, I. I., Adeyeri, J. B., e Ejohwomu, O. A. (2012). Efeitos da adição de escória de aço na plasticidade, resistência e permeabilidade do solo laterítico. In *Proceedings of Second International Conference of Sustainable Design, Engineering and Construction.* pp. 457-464

3. Akinmusuru, J. O. (1991). Potenciais utilizações benéficas dos resíduos de escórias de aço para fins de engenharia civil. *Recursos, Conservação e Reciclagem, 5*(1), 73-80.

4. Aiban, S. A. (2006). Utilização de agregados de escória de aço para bases de estradas. *Journal of Testing and Evaluation, 34*(1), 65.

5. Andersson, R., Carlsson, T., e Leppanen, M. (2001). SPG 112

6. Bishop, A.W., 1955. A utilização do círculo de deslizamento na análise de estabilidade de taludes. *Geotechnique, 5*(1), pp.7-17.

7. Das, S.K., 2005. Slope stability analysis using genetic algorithm. *Revista eletrónica de engenharia geotécnica, 10*, pp.429-439.

8. DIN [Deutsches Institut fur Normung] 38414-S4. 1984. Deutsche Norm, Teil 4 Okt, 464475.

9. Faruk, A. N., Chen, D. H., Mushota, C., Muya, M., e Walubita, L. F. (2014, julho). Aplicação da Nano-Tecnologia na Engenharia de Pavimentos: Uma revisão da literatura. Em *Application of Nanotechnology in Pavements, Geological Disasters, and Foundation Settlement Control Technology*, pp. 9-16. ASCE

10. Fellenius, W., 1936, julho. Cálculo da estabilidade de barragens de terra. In *Transactions of the 2nd congress on large dams, Washington, DC* (Vol. 4, pp. 445-463). Comissão Internacional de Grandes Barragens (ICOLD) Paris

11. Green, B. H. (2012). Desenvolvimento de uma calda de cimento de alta densidade e alta resistência usando nanopartículas de sílica coloidal. Em *Grouting and Deep Mixing 2012*, pp. 1850-1858. ASCE.

12. Goh, A.T., 1999. Pesquisa por algoritmo genético da superfície de deslizamento crítica na análise de estabilidade de múltiplas arestas. *Jornal Geotécnico Canadiano, 36*(2), pp.382-391

13. Gupta, Prabir (1992), stability of geocell reinforced soft soil structure. Dissertação de Mestrado em Tecnologia, IIT Bombay, Mumbai, Índia,

14. Hamilton, J., Gue, J. e Socotch, C. 2007. The use of steel slag in passive treatment design for AMD discharge in the Huff Run watershed restoration, In Proceedings of American Society of Mining and Reclamation, Gillette, WY, 272-282

15. Havanagi, V. G., Prasad, P. S., GuruvittalU, K. e Mathur, S. 2006. Feasibility of utilization of copper slag flyash-soil mixes for road construction, In Highway Research Bulletin, Indian Road Congress, no. 75, 59-75

16. Havanagi, V. G., Sinha, A. K., AroraV, K. e Mathur, S. 2012a. Design and stability analysis of copper slag embankment, Indian Highways, 40, (10), 17-23.

17. Havanagi, V. G., Sinha, A. K., Arora, V. K. e Mathur, S. 2012b. Waste materials for construction of road

embankment and pavement layers, International Journal of Resources and Environmental Engineering, 1, (2), 51-59.

18. Higgins, D. D. (2005). Soil stabilization with ground granulated blast furnace slag. *Associação de Fabricantes de Escórias Cimentícias do Reino Unido (CSMA)*.

19. Hughes, P. e Glendinning, S., 2004. Melhoria do solo de mistura seca profunda de uma argila turfosa macia utilizando escória de alto-forno e gesso vermelho. *Quarterly Journal of Engineering Geology and Hydrogeology, 37* (3), pp.205-216

20. IS2720 (Parte 2)-1973. Métodos de ensaio para solos: Parte 2: determinação do teor de água.

21. IS2720 (Parte 3/Set I)-1980. Métodos de ensaio para solos: Parte 3 determinação da gravidade específica, Secção I Solos de grão fino.

22. IS: 2720 (Parte 4) - 1985. Métodos de ensaio para solos: Parte 4: determinação da distribuição granulométrica.

23. IS2720 (Parte 7)-1980. Métodos de ensaio para solos: Parte 7: Determinação da relação entre o teor de água e a densidade seca utilizando compactação ligeira.

24. IS2720 (Parte 10)-1973. Métodos de ensaio para solos: Parte 10: determinação da resistência à compressão não confinada.

25. IS2720 (Parte 13)-1986. Métodos de ensaio para solos: Parte I3: cisalhamento direto.

26. IS2720 (Parte 16)-1979. Métodos de ensaio para solos: Parte I6: determinação laboratorial do CBR.

27. IS2720 (Parte I7)-1986. Métodos de ensaio para solos: Parte I7: determinação laboratorial da permeabilidade.

28. IS: 2720 (Parte 22)-1972. Métodos de ensaio para solos: Parte 22: determinação da matéria orgânica.

29. IS: 2720 (Parte 40)-1977. Métodos de ensaio para solos: Parte 40: determinação do índice de inchamento livre do solo

30. Janbu, N., 1975, abril. Cálculo da estabilidade de taludes: Em Embankment-dam Engineering. Textbook. Eds. RC Hirschfeld e SJ Poulos. john wiley and sons inc., pub., ny, 1973, 40P. In *International Journal of Rock Mechanics and Mining Sciences & Geomechanics Abstracts* (Vol. 12, No. 4, p. 67). Pergamon

31. Jewell, R.A., 1988. A mecânica das margens reforçadas em solos moles. *Geotêxteis e Geomembranas, 7* (4), pp.237-273.

32. Jurado-Pina, R. e Jimenez, R., 2015. Um algoritmo genético para análises de estabilidade de taludes com superfícies de deslizamento côncavas usando operadores personalizados.*Engineering Optimization, 47*(4), pp.453-472.

33. Kaniraj, S.R., 1994. Rotational stability of unreinforced and reinforced embankments on soft soils. *Geotextiles and geomembranes, 13*(11), pp. 707-726.

34. Kasim, F., Marto, A., Othman, B.A., Bakar, I. e Othman, M.F., 2013. Simulação de aterro de altura segura em solo mole usando Plaxis. *APCBEE Procedia, 5*, pp.152-156

35. Kavak, A., Bilgen, G., e Capar, O. (2012). Utilização de escória de alto-forno granulada moída com água do mar como aditivos de solo na estabilização de argila-cal. Em *Testing and Specification of Recycled Materials for Sustainable Geotechnical Construction (Ensaio e especificação de materiais reciclados*

para construção geotécnica sustentável). ASTM International

36. Khattak, M. J., Khattab, A., e Rizvi, H. R. (2013). Caracterização de misturas asfálticas de mistura quente modificadas com nanofibras de carbono. *Construção e Materiais de Construção, 40*, 738-745

37. Khan, S.A. e Abbas, S.M., 2014. Modelação numérica de aterros de auto-estradas com diferentes técnicas de melhoramento do solo

38. Khalid, N., Arshad, M. F., Mukri, M., Mohamad, K., e Kamarudin, F. Influência de partículas de nano-solo na estabilização de solos moles.

39. Lavanya.c, Sreerama Rao A, Darga Kumar N, "A Review On Utilization Of Copper Slag In Geotechnical Applications," in Indian Geotechnical Conference, December 15-17,2011, Kochi (Paper No.H-212).

40. Lal, B.R.R., Padade, A.H., Dutta, S. e Mandal, J.N., 2014. Modelagem numérica de paredes de cinzas volantes reforçadas com células sujeitas a carregamento de tiras

41. Li, Y.C., Chen, Y.M., Zhan, T.L., Ling, D.S. e Cleall, P.J., 2010. Uma abordagem eficiente para a localização da superfície de deslizamento crítica em análises de estabilidade de taludes utilizando um algoritmo genético com código real. *Canadian Geotechnical Journal, 47*(7), pp. 806-820.

42. Low, B.K., Wong, K.S., Lim, C. e Broms, B.B., 1990. Análise do círculo de deslizamento de aterros reforçados em solos moles. *Geotextiles and Geomembranes,9*(2), pp.165-181

43. Low, B.K., 1989. Análise da estabilidade de aterros em solos moles. *Jornal de Engenharia Geotécnica, 115* (2), pp.211-227.

44. Mack, B. e Gutta, B. 2009, maio. An analysis of steel slag and its use in acid mine drainage (AMD) treatment, In Paper was presented at the 2009 National Meeting of the American Society of Mining and Reclamation, Billings, MT Revitalizing the Environment: Proven Solutions and Innovative Approaches (Soluções comprovadas e abordagens inovadoras), 716-736.

45. Manso, J. M., Losanez, M., Polanco, J. A., e Gonzalez, J. J. (2005). Ladle furnace slag in construction. *Journal of materials in civil engineering, 17* (5), 513-518

46. McCombie, P. e Wilkinson, P., 2002. A utilização do algoritmo genético simples para encontrar o fator crítico de segurança na análise da estabilidade de taludes. *Computadores e Geotecnia, 29*(8), pp.699-714

47. Mendes, T. M., Hotza, D., & Repette, W. L. (2015). Nanopartículas em materiais à base de cimento: uma revisão. *Revisões sobre ciência de materiais avançados, 40*(1), 89-96.

48. Montenegro, J. M., Celemm-Matachana, M., Canizal, J., e Setiën, J. (2012). Escória de forno panela na construção de aterros: comportamento expansivo. *Revista de Materiais em Engenharia Civil, 25*(8), 972-979

49. Morgenstern, N.R. e Price, V.E., 1965. A análise da estabilidade de superfícies de deslizamento gerais. *Geotecnia, 15* (1), pp.79-93

50. Nidzam, R. M., & Kinuthia, J. M. (2010). Estabilização sustentável do solo com escória de alto-forno - uma revisão. *Actas do ICE - Materiais de Construção, 163*(3), 157-165

51. Obuzor, G. N., Kinuthia, J. M., e Robinson, R. B. (2012). Estabilização do solo com GGBS ativado com cal - uma mitigação dos efeitos das inundações em camadas estruturais/aterros rodoviários construídos em planícies aluviais. *Geologia de Engenharia, 151*, 112-119

52. Patel, J.P. (2008). Broader Use of Steel Slag Aggregates in Concrete, Dissertação de Mestrado, Departamento de Engenharia Civil, Universidade Estadual de CleveLand

53. Manual do Plaxis 3D (Plaxis 3D AE-Informações gerais, Plaxis 3D AE-Manual de instruções, Plaxis 3D AE-Manual de referência, Plaxis 3D AE-Manual do modelo de material, Plaxis 3D AE-Manual de especificações)

54. Poh, H.Y., Ghataora, G.S. e Ghazireh, N., 2006. Estabilização do solo utilizando finos de escória de aço com oxigénio básico. *Jornal de materiais em Engenharia Civil, 18* (2), pp.229-240

55. Potgieter, J. H. e Kaspar, H. 1999. Hydration of cement, South African Journal of Chemistry, 52, (4).

56. Rajagopal, K., Krishnaswamy, N.R., Latha, G., (1999). Comportamento da areia confinada com geocélulas simples e múltiplas. Geotexteis e Geomembranas 17, 171e184

57. Rowe, R.K. e Li, A.L., 1999. Emboques reforçados sobre fundações macias em condições não drenadas e parcialmente drenadas. *Geotextiles and Geomembranes, 17*(3), pp.129146.

58. Sarma, S.K., 1979. Stability analysis of embankments and slopes (Análise de estabilidade de aterros e taludes). *Jornal da Divisão de Engenharia Geotécnica, 105*(12), pp.1511-1524

59. Sengupta, A. e Upadhyay, A., 2009. Locating the critical failure surface in a slope stability analysis by genetic algorithm. *Applied Soft Computing, 9* (1), pp.387-392.

60. Sharma, A. K., e Sivapullaiah, P. V. (2012). Melhoria da resistência do solo expansivo com resíduos de escória granulada de alto-forno. In *Geo Congress*.

61. Shahu, J. T., Patel, S., e Senapati, A. (2012). Propriedades de engenharia da mistura escória de cobre-cinzas de mosca-cal e sua utilização na camada de base de pavimentos flexíveis. *Jornal de Materiais em Engenharia Civil.*

62. Sitharam, T.G. and Hegde, A. (2013), Design and construction of geocell foundation to support embankment on soft settled red mud,*Geotextiles and Geomembranes,* 41, 55-63.

63. Singh, S. P., Tripathy, D. P., e Ranjith, P. G. (2008). Avaliação do desempenho de misturas de cinzas volantes estabilizadas com cimento-GBFS como material de construção de auto-estradas. *Resíduos gestão, 28*(8), 1331-1337

64. Solve XL- manual do utilizador

65. Caderno de encargos para obras em estradas e pontes (Quarta revisão). 2001. Ministério dos Transportes Rodoviários e Auto-estradas (MORTH), Vol (2), Congresso Rodoviário Indiano, Nova Deli

66. Sun, J., Li, J. e Liu, Q., 2008. Search for critical slip surface in slope stability analysis by spline-based GA method. *Journal of geotechnical and geoenvironmental engineering, 134* (2), pp.252-256

67. TIFAC. 2003. Management of steel plant solid wastes, In Environment & Habitat, Technology Information, Forecasting and Assessment Council, Department of Science & Technology, India.

68. Taechakumthorn, C. e Rowe, R.K., 2012. Desempenho de um aterro reforçado num depósito de argila sensível de Champlain. *Jornal Geotécnico Canadiano, 49*(8), pp. 917-927

69. Taha, M. R., Jawad, I. T., e Majeed, Z. H.(2015) Treatment of Soft Soil with NanoMagnesium Oxide. Nanotecnologia em construções.

70. Taha, M. R., e Taha, O. M. E. (2012). Influência do nano-material no comportamento expansivo e de

retração do solo. *Journal of Nanoparticle Research*, *14*(10), 1-13.

71. Ugwu, O.O., Arop, J.B., Nwoji, C.U. e Osadebe, N.N., 2012. A nanotecnologia como solução de engenharia preventiva para falhas nas infra-estruturas rodoviárias. *Jornal de Engenharia e Gestão da Construção*, *139* (8), pp.987-993

72. Vashi, J.M., Desai, A.K. e Solanki, C.H., 2013. Análise de aterro reforçado com geotêxtil em condições difíceis do subsolo. *Revista Internacional de Investigação Científica e de Engenharia*, *4* (5), pp.41-44.

73. Wulandari, P.S. e Tjandra, D., 2015. Análise de aterro rodoviário reforçado com geotêxtil usando PLAXIS 2D. *Procedia Engineering*, *125*, pp.358-362

74. Wild, S., Kinuthia, J. M., Jones, G. I., e Higgins, D. D. (1998). Efeitos da substituição parcial de cal por escória granulada de alto-forno moída (GGBS) nas propriedades de resistência de solos argilosos com sulfato estabilizados com cal. *Geologia de Engenharia*, *51*(1), 37-53.

75. Yi, Y., Li, C. e Liu, S., 2014. Escória de alto-forno granulada moída activada por álcalis para estabilização de argila mole marinha. *Journal of Materials in Civil Engineering*, *27*(4), p.04014146.

76. Yildirim, I. Z., e Prezzi, M. (2015). Propriedades geotécnicas de escória de aço de forno de oxigénio básico fresco e envelhecido. *Journal of Materials in Civil Engineering*, 04015046.

77. Yildirim, I. Z., e Prezzi, M. (2011). Propriedades químicas, mineralógicas e morfológicas da escória de aço. *Avanços em Engenharia Civil, 2011*

78. Zaid,H.,Majeed,Mohd. R.Taha, Ibtehaj.,Taha.Jawad (2014) " Estabilização de solos moles utilizando nanomateriais" *Revista de investigação em ciência aplicada e tecnologia* 8(4), pp 503-509,

79. Zhang, Z. e Tao, M., 2008. Durabilidade de solos de baixa plasticidade estabilizados com cimento. *Journal of geotechnical andgeoenvironmental engineering*, *134*(2), pp.203-213.

80. Zhu, G., Hao, Y., Xia, C., Zhang, Y., Hu, T., e Sun, S. (2013). Estudo sobre as propriedades cimentícias da escória de aço. *Jornal de Minas e Metalurgia, Secção B: Metalurgia*, *49*(2), 217-224

Publicações

Revistas internacionais

- Athulya.G.K, Sushovan Dutta, J. N. Mandal (2016) "Avaliação do desempenho de misturas estabilizadas de solo e estacas como material de construção de auto-estradas" *Revista internacional de engenharia geotécnica* vol.10, issue.4,pp 1-11

Conferências internacionais

- Athulya G.K , Manas Choubey, J.N Mandal " modelação numérica de aterro de escória de cobre reforçada utilizando PLAXIS 3D" *congresso internacional de mecânica computacional* (ICCMS) 27 de junho-1 de julho de 2016, IIT Bombay, Índia (Aceite)
- Athulya G.K, Ankita Kumar, S.P Guleria, J.N Mandal " Finite element analysis of geotextile reinforced highway embankment using PLAXIS 3D", *Transportation planning and implementation methodologies for developing countries*, 19-21 December 2016, IIT Bombay, Mumbai, India (Under Review)
- Athulya G.K, S.K Ahirwar, S.M Nawghre, J.N Mandal "Um estudo comparativo sobre o método de equilíbrio limite e o método de elementos finitos da análise de estabilidade de taludes para aterros de auto-estradas". Conferência internacional de engenharia geotécnica sobre sustentabilidade nas práticas de engenharia geotécnica e questões urbanas relacionadas 22-24 de setembro de 2016, Mumbai, Índia (Em revisão)
- Athulya G.K, Mahaboob Nadaf, Amit Harihar padade, J.N.Mandal "Modelação numérica de aterros de auto-estradas utilizando PLAXIS 3D". Conferência internacional de Putrajaya sobre ambiente construído, tecnologia e engenharia. 24-25 de setembro de 2016, Bangi, Selangor, Malásia. (Em revisão)

Reconhecimento

Expresso a minha sincera gratidão ao Prof. J. N. Mandal, que primeiro me motivou a escolher este tema e depois dedicou o seu tempo e me ajudou em todas as fases do trabalho de investigação. Agradeço-lhe todo o tempo precioso que despendeu comigo no decurso deste trabalho de investigação e as sugestões críticas que fez para o melhorar. Sem a sua valiosa orientação e encorajamento, este trabalho não teria dado frutos.

D. M. Dewaikar e ao Prof. Santiram Chatregree pela sua apreciação crítica e pelas valiosas sugestões e encorajamento durante a primeira fase do seminário

Agradeço ao pessoal do Laboratório de Engenharia Geotécnica, Sr. H. D. Rane, Sr. S. S. Kadam, Sr. D. K. Chalke, Sr. Suresh Jangle e Sr. Anil Sonawane, pelo seu amável apoio na experimentação. Agradecimentos especiais ao Sr. Anil Sonawane pela sua grande ajuda durante a realização das experiências.

Agradeço à minha adorável mãe e ao meu pai, bem como à minha irmã e ao meu cunhado, pelo apoio que me deram nos meus dias difíceis e difíceis durante o meu programa M-Tech. Sem o seu forte apoio e paciência, não seria capaz de concluir este estudo

Agradeço às minhas melhores amigas Parvathy.S e Asha Densi pelo seu apoio, paciência e encorajamento durante este estudo. Sem elas, não teria sido capaz de realizar plenamente os meus trabalhos de curso e de investigação

K. V. K. Rao, Diretor do Departamento de Engenharia Civil do IIT de Bombaim, pela sua cooperação durante o trabalho de investigação, com o apoio financeiro necessário do departamento

Gostaria de agradecer ao Dr. Khan, das indústrias Khan, por me ter fornecido o material de nano-sílica. Ao Sr. Rajesh Gupta por me ter fornecido o material de escória de aço.

Athulya G.K

yes I want morebooks!

Buy your books fast and straightforward online - at one of world's fastest growing online book stores! Environmentally sound due to Print-on-Demand technologies.

Buy your books online at
www.morebooks.shop

Compre os seus livros mais rápido e diretamente na internet, em uma das livrarias on-line com o maior crescimento no mundo! Produção que protege o meio ambiente através das tecnologias de impressão sob demanda.

Compre os seus livros on-line em
www.morebooks.shop